Arbeitsheft

Gärtner/-innen
Grundlagen der Botanik

1. und 2. Ausbildungsjahr – Alle Fachrichtungen

von Holger Seipel

Gärtner, Diplom-Ingenieur,
Diplom-Agraringenieur und
Oberstudienrat für Gartenbau

Dr. Felix Büchner · Handwerk und Technik – Hamburg

Bildquellenverzeichnis

Verfasser und Verlag danken den genannten Firmen, Institutionen und Privatpersonen für die Überlassung von Vorlagen und Abdruckgenehmigungen zu folgenden Abbildungen:

stock.adobe.com: S. 98/2 (lidante); 115/2 (VRD); 149/6 (eyewave); 149/8 (freestyle_images); 149/7 (mentona); 149/1 (bigfoot)

Der Bau und die Eigenschaften der Pflanzen. Pflanzenleben: Erster Band. Anton Joseph Kerner von Marilaun, Adolf Hansen: (1913), published by Kurt Stübe, Seite 165; http://www.biolib.de: S. 33/2

Himmelhuber, Peter, Regensburg: S. 49/9

Jacobi, Dr. Friedhelm, Rhumspringe: S. 20/2

Kleines Repetitorium der Botanik, 16. Auflage 2014, Seite 111, Autor Ernst F. Welle, Verlag Dr. Felix Bücher und Handwerk und Technik GmbH, Hamburg: S. 111/7

Pixelio media GmbH, München: S. 85/1 (Michael Bührke)

Seipel, Holger, Wiefelstede: S. 20/1, 3; 31/1–6; 32/1–5; 33/1; 35/1, 2; 36/1, 2; 37/1; 42/2; 43/1; 45/1; 46/4; 47/1; 49/1–8; 54/1–3; 62/2–7; 103/1, 2; 108/1; 109/1–8; 115/1, 3, 4; 147/1

Seipel, Kai-Michael, Achtrup: S. 110/1

Shutterstock Images LLC, New York, USA: S. 98/1 (Anna Kucherova); 98/3 (Melica); 144/1 (Helena Novemberr); 144/3 (patrimonio designs ltd); 149/9 (BestGreenScreen)

Wikimedia.org: S. 141/1 (By Mouagip (talk), https://commons.wikimedia.org/wiki/File%3AAminoacids_table.svg, This vector graphics image was created with Adobe Illustrator. (Codons_aminoacids_table.png) [Public domain], via Wikimedia Commons); 150/1 (Von Jules Pizzetta - Galerie des naturalistes de J. Pizzetta, Paris: S. Hennuyer, 1893, Gemeinfrei, https://commons.wikimedia.org/w/index.php?curid=657682:); 150/3 (Von George Richmond – From Origins, Richard Leakey and Roger Lewin, Gemeinfrei, https: commons.wikimedia.org/w/index.php?curid=61456)

Die technischen und grafischen Zeichnungen wurden nach Vorlagen ausgeführt von:

Meier, Marlies, Hamburg: S. 6/1; 9/1; 11/1; 13/1–14; 14/1–12; 15/1–8; 18/1–6; 19/1–7; 21/1–4; 22/1–3; 23/1–10; 26/2, 3; 27/1–3; 28/1–3; 29/1; 38/1, 2; 39/1–3; 40/1–3; 41/1–4; 57/1; 58/1; 61/1; 71/1; 80/3; 97/1; 99/1; 101/1; 104/1; 111/1–7; 162/3; 164/1; 165/1

Metasch, Martin, Hamburg: S. 91/1; 114/1, 2; 162/10; 162/9, 10

Grafische Produktion Neumann, Rimpar: S. 5/1; 16/1–6; 60/1; 63/1; 64/1; 71/2–5; 73/1; 82/1; 87/1; 107/1; 112/1–6; 162/4, 7, 8; 163/1; 166/1

COSMET Helmut Ploß, Hamburg: S. 7/1; 8/1, 2; 24/1–5; 26/1; 42/3; 43/2–4; 44/1; 48/1–17; 51/1; 52/1; 65/1; 77/1–6; 78/4; 93/1; 94/1; 107/2; 108/2; 110/2; 118/1; 120/1; 136/1

Reimann, Julia, Hamburg: S. 42/1

as-illustration, Alexander Schmitt, Rimpar: S. 18/7; 46/1–3; 56/1; 62/1; 69/1; 74/1, 2; 79/1,2; 80/1, 2; 83/1; 84/1–3; 105/1–5; 117/1; 119/1–4; 122/1; 125/1; 126/1; 127/1; 128/1; 129/1; 130/1; 131/1; 132/1; 135/1; 137/1, 2; 138/1; 139/1; 141/2; 149/2–5, 10; 150/1; 152/1, 2; 158/2; 162/1, 2, 5, 6; 167/1; 168/1

Scholz & Partner, Wolfsburg: S. 46/5

ISBN 978-3-582-87854-0
Best.-Nr. 41555
Arbeitsheft – 3. Auflage

ISBN 978-3-582-35177-7
Best.-Nr. 41557
eLöser Arbeitsheft – III/3. Auflage

Verlag Dr. Felix Büchner GmbH & Co. KG – Handwerk und Technik GmbH,
Lademannbogen 135, 22339 Hamburg, Postfach 63 05 00, 22331 Hamburg – 2024
E-Mail: info@handwerk-technik.de – Internet: www.handwerk-technik.de

Layout und Satz: CMS Cross Media Solutions GmbH, 97082 Würzburg
Umschlagmotiv: oben links und rechts: Martin Metasch, Münster; unten links: Marlies Meier, Hamburg;
unten rechts: Ullstein Bilderdienst, Berlin
Druck: mediaprint solutions GmbH, 33100 Paderborn

Inhaltsverzeichnis

Die Botanik – ein Teilgebiet der Biologie

1 **Ordnen Sie die folgenden Begriffe den Beschreibungen in dem Schaubild zu:**

Anatomie – Anthropologie – Biologie – Botanik – Genetik – Morphologie – Ökologie – Physiologie – Systematik – Zoologie

________________ Die Lehre von den Lebewesen

________________ Die Lehre von den Pflanzen

________________ Die Lehre von den Tieren

________________ Die Lehre vom Menschen

________________ Die Lehre vom äußeren Aufbau

________________ Die Lehre vom inneren Aufbau

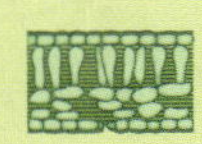

________________ Die Lehre von den Lebensvorgängen

$$6\,CO_2 + 12\,H_2O + \textit{Licht} \xrightarrow{\text{Chlorophyll}} C_6H_{12}O_6 + 6\,O_2 + 6\,H_2O$$

________________ Die Lehre von der Vererbung

________________ Die Lehre von der Verwandtschaft der Lebewesen und ihrer Einordnung nach dem Verwandtschaftsgrad

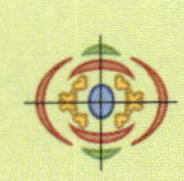

________________ Die Lehre von den Wechselbeziehungen zwischen den Lebewesen und ihrer Umwelt

Name:	Klasse:	Datum:

Grundorgane der Pflanzen

1 Die folgende Abbildung zeigt den Grundaufbau einer Pflanze.

a) Benennen Sie die nummerierten Pflanzenteile.

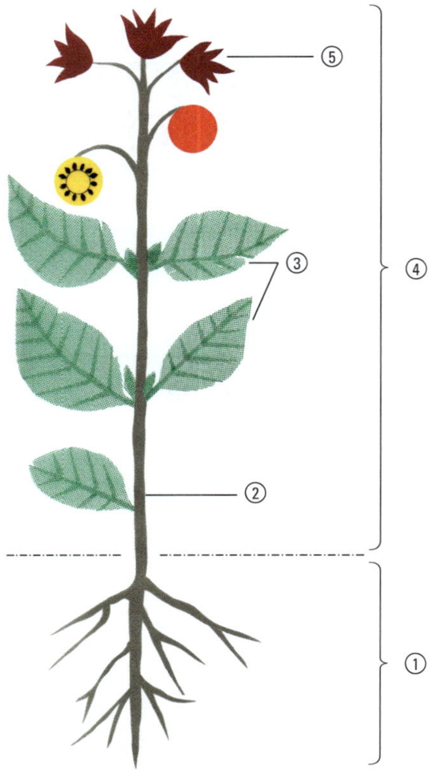

1	
2	
3	
4	
5	

b) Nennen Sie die drei Grundorgane einer Pflanze.

____

____

____

c) Warum zählt die Blüte nicht zu den Grundorganen einer Pflanze?

____

____

____

____

____

____

Name:	Klasse:	Datum:

Bau und Aufgaben der Wurzel

1 **Welche Aufgaben hat die Wurzel einer Pflanze? Füllen Sie die Textlücken richtig aus.**

Die Pflanzenwurzel dient:

- der Aufnahme von ______________________ und ______________________________
- der ____
- der Produktion von ____
- der Speicherung von ____
- der Symbiose mit ________________ (Mykorrhiza) und __________________ (Leguminosen)

2 **Die folgende Abbildung zeigt den Aufbau einer Wurzelspitze. Benennen Sie die nummerierten Bestandteile und Bereiche (Zonen).**

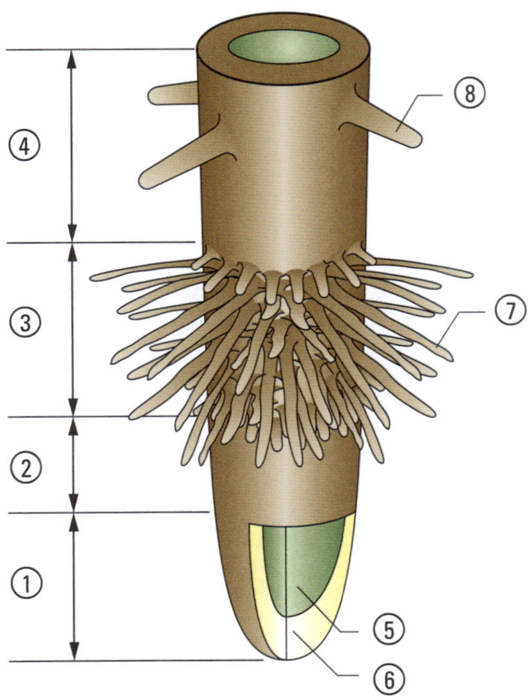

1	
2	
3	
4	
5	
6	
7	
8	

Name:	Klasse:	Datum:

3 Ordnen Sie die folgenden Bezeichnungen den passenden Beschreibungen in der Tabelle zu:

Ernährungszone – Verzweigungszone – Wurzelhaare – Wurzelhaube – Wurzelvegetationspunkt – Zellbildungszone – Zellstreckungszone

a)	__________ Nur wenige Millimeter kleine Zellausstülpungen der Epidermiszellen, die der Wasser- und Nährstoffaufnahme dienen.
b)	__________ Ein Gewebe, das den Wurzelvegetationspunkt schützt und das Eindringen der Wurzel in den Boden erleichtert.
c)	__________ Das in der Wurzelspitze befindliche teilungsfähige (meristematische) Gewebe.
d)	__________ Nur in dieser Zone (wenige Zentimeter) ist die Pflanze in der Lage, Wasser und Nährstoffe aufzunehmen.
e)	__________ In dieser Zone erfolgt die Bildung von Seitenwurzeln.
f)	__________ In dieser Zone findet die Streckung der durch Zellteilung hervorgegangenen Zellen statt.
g)	__________ In dieser Zone werden ständig neue Zellen gebildet.

4 Ein- und zweikeimblättrige Pflanzen weisen unterschiedliche Wurzelsysteme auf.

a) Geben Sie unter der jeweiligen Abbildung an, ob es sich um eine ein- oder um eine zweikeimblättrige Pflanze handelt.

Name:	Klasse:	Datum:

b) Wie unterscheidet sich das Wurzelsystem von ein- und zweikeimblättrigen Pflanzen?

______

______

______

______

5 **Erklären Sie die folgende Abbildung.**

______

______

______

______

______

______

______

______

______

______

Name:	Klasse:	Datum:

6 **Lösen Sie das Kreuzworträtsel zur Pflanzenwurzel. Umlaute werden getrennt geschrieben (z. B. Ä = AE), ß wird als SS geschrieben.**

1.	sprossbürtige Wurzeln
2.	breiten ihre Wurzeln relativ flach unter der Bodenoberfläche aus
3.	die aus der Keimwurzel sich entwickelnde Wurzel
4.	anderes Wort für Wurzelhaube
5.	Wurzel des Embryos

6.	Hauptwurzel, die wie ein Pfahl in den Boden eindringt
7.	Epidermis der Wurzel
8.	Wurzel, die aus einer anderen Wurzel hervorgeht
9.	der von den Wurzelhaaren beeinflusste Raum, bis ca. 3 mm von der Oberfläche
10.	Planzen, die relativ tief wurzeln
11.	nur wenige Millimeter kleine Zellausstülpungen der Epidermiszellen an der Wurzelspitze, die der Wasser- und Nährstoffaufnahme dienen
12.	ein Gewebe, das den Wurzelvegetationspunkt schützt und das Eindringen der Wurzel in den Boden erleichtert
13.	das in der Wurzelspitze befindliche teilungsfähige Gewebe

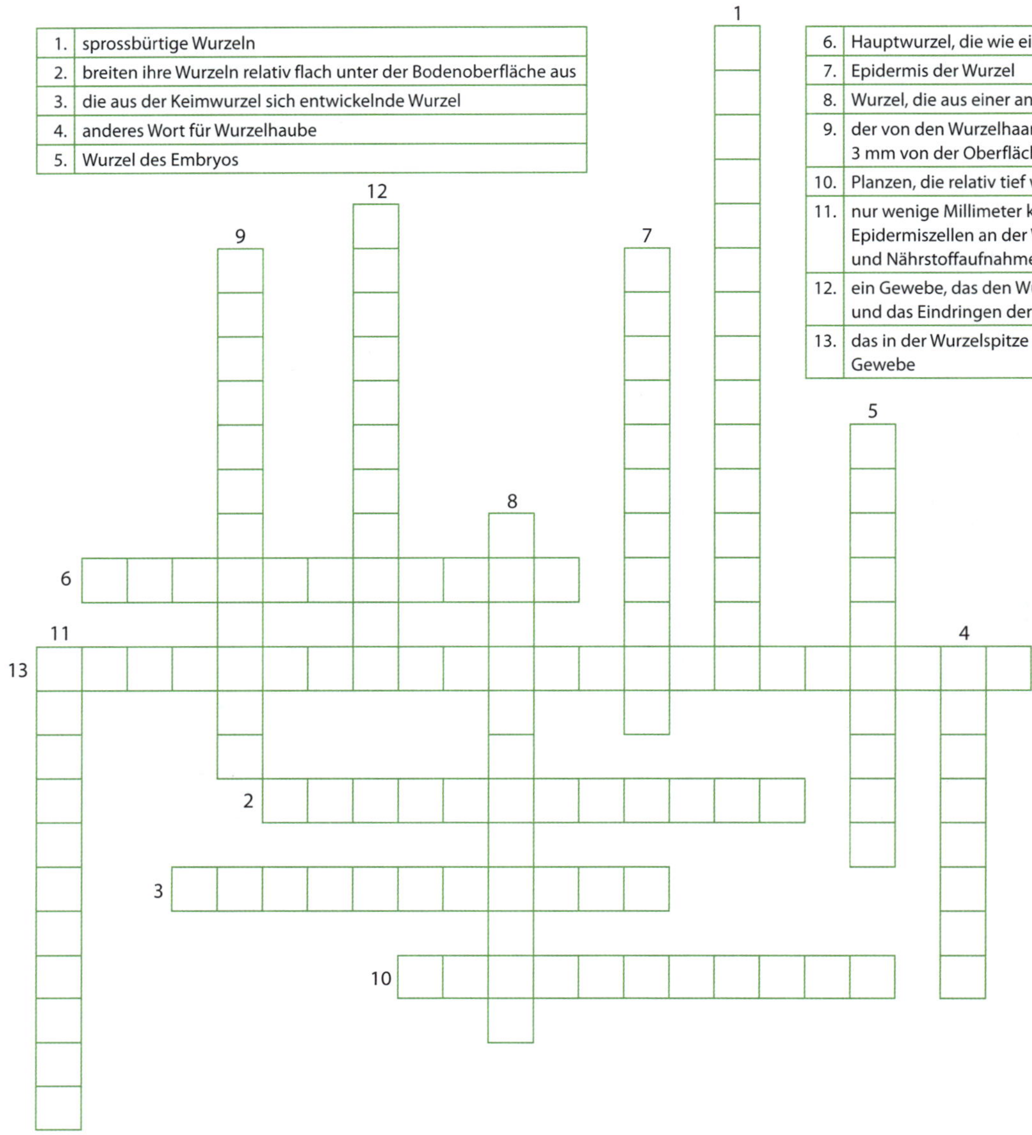

7 **Durch die Versorgung mit Wasser und Nährstoffen beeinflusst die Wurzel die Entwicklung der gesamten Pflanze. Nennen Sie Maßnahmen zur Förderung des Wurzelwachstums.**

Name:	Klasse:	Datum:

Bau und Aufgaben des Laubblattes

1 **Die folgende Abbildung zeigt den äußeren Blattaufbau von ein- und zweikeimblättrigen Pflanzen. Benennen Sie die nummerierten Bestandteile.**

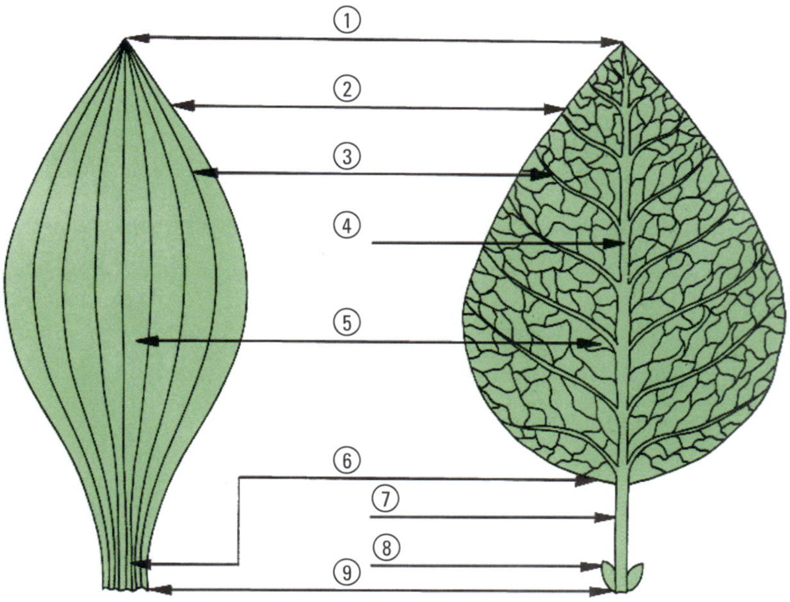

1	
2	
3	
4	
5	
6	
7	
8	
9	

2 **Vervollständigen Sie den Lückentext.**

Die ______________________ (= Blattspreite) wird von ______________________ durchzogen, die der Wasser-, Nährstoff- und Assimilateleitung dienen. Daneben verleihen sie der Blattfläche die nötige ________________. Bei ______________________ Pflanzen sind die Blattadern in der Regel netzförmig, bei ______________________ Pflanzen parallelförmig angeordnet. Die Verbindung zwischen Blattfläche und Sprossachse stellt der ________________ her. Er hält das Blatt und richtet es optimal zum ____________ aus. Den mit der Sprossachse verwachsenen Teil des Blattes bezeichnet man als ________________.

3 **Die Laubblätter der Pflanzen erfüllen vor allem drei wichtige Aufgaben. Setzen Sie die folgenden Begriffe ein:**

Assimilate – Gasaustausch – Fotosynthese – Transpiration

- ______________________ (Aufbau von Zucker = ______________________)
- ______________________ (bei Fotosynthese und Atmung)
- ______________________ (Verdunstung von Wasser)

Name:	Klasse:	Datum:

4 Nach der Lebensdauer ihrer Blätter unterscheidet man sommergrüne, immergrüne und wintergrüne Pflanzen.

a) Ordnen Sie die folgenden Bezeichnungen den passenden Beschreibungen in der unten stehenden Tabelle zu:

Wintergrüne Pflanzen – Sommergrüne Pflanzen – Immergrüne Pflanzen

b) Ordnen Sie die folgenden Pflanzennamen den passenden Beschreibungen in der unten stehenden Tabelle (linke Spalte) zu:

Abies alba – Aesculus hippocastanum – Betula pendula – Carpinus betulus – Fagus sylvatica – Picea abies

c) Ergänzen Sie zu den botanischen Pflanzennamen die deutschen Namen (rechte Spalte).

1.		
	Pflanzen, die ihre Blätter erst nach mehreren Vegetationsperioden (Jahren) abwerfen.	
2.		
	Pflanzen, die ihre Blätter nach einer Vegetationsperiode (im Herbst) abwerfen.	
3.		
	Pflanzen, die ihre Blätter erst zu Beginn des neuen Blattaustriebs (im Frühjahr) abwerfen.	

5 Obwohl auch die immergrünen Pflanzen ihre Blätter abwerfen, erscheinen sie als immergrün. Erklären Sie dies.

____

____

____

____

Name:	Klasse:	Datum:

Bestimmungsmerkmale

1 Blattformen

A: Einfache Blätter: <u>Kennzeichen</u>: Die Blattfläche weist keine oder leichte Einschnitte auf.

a) Benennen Sie die Blattformen, indem Sie die folgenden Begriffe den Abbildungen in der unten stehenden Tabelle zuordnen:

eiförmig – elliptisch/oval – herzförmig – kreisförmig – länglich – lanzettlich – linearisch – nadelförmig – nierenförmig – pfeilförmig – rautenförmig – spatelförmig – spießförmig – verkehrt eiförmig

b) Ordnen Sie die folgenden Pflanzen den Blattformen in der unten stehenden Tabelle zu:

Ackerzaunwinde – Esskastanie – Flieder – Gänseblümchen – Kapuzinerkresse – Kupferfelsenbirne – Ölweide – Quecke – Rotfichte – Sauerampfer – Scharbockskraut – Sonnenblume – Tulpenmagnolie – Weißbirke

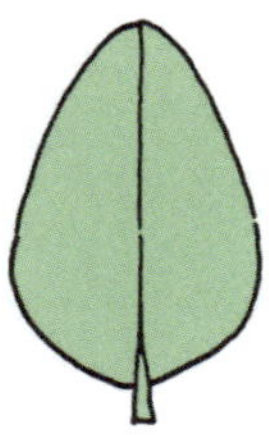	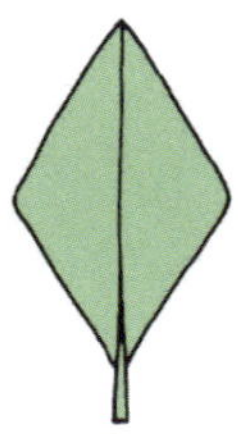	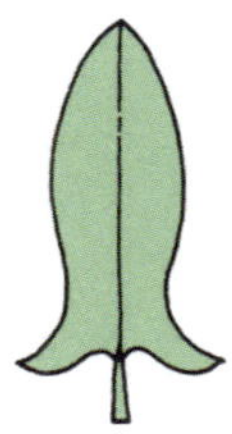		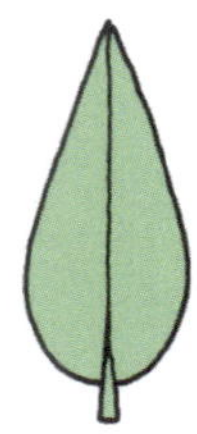		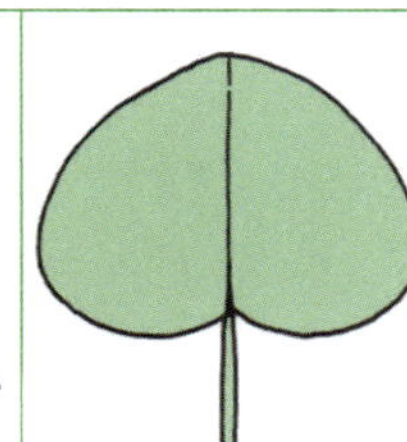
eiförmig						
Flieder						
	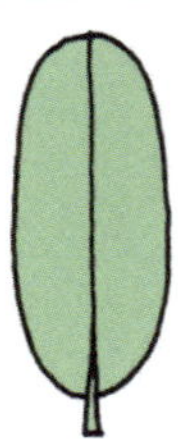	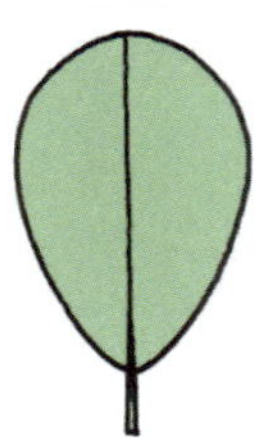	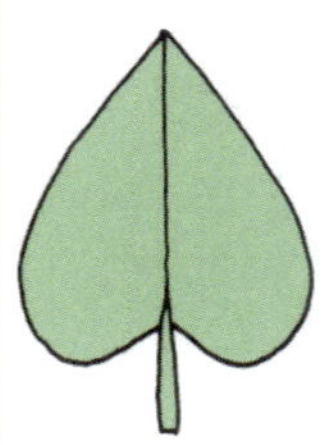	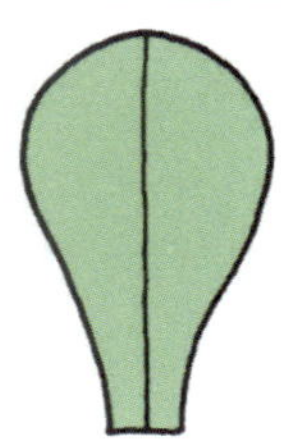	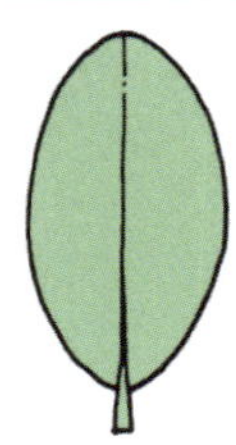	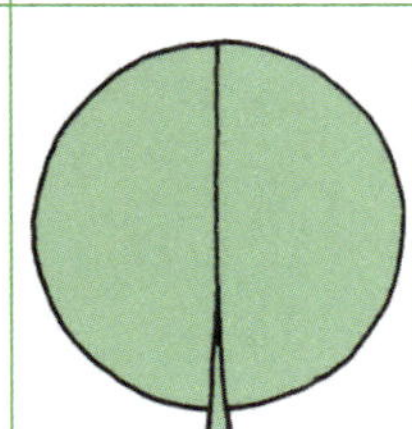

Name:	Klasse:	Datum:

B: Geteilte Blätter / zusammengesetzte Blätter

a) Benennen Sie die Blattformen, indem Sie die folgenden Begriffe den Abbildungen in der unten stehenden Tabelle zuordnen:

doppelt unpaarig gefiedert – dreifach unpaarig gefiedert – gefingert – gelappt – paarig gefiedert – unpaarig gefiedert – unterbrochen gefiedert

b) Ordnen Sie die folgenden Pflanzen den Blattformen in der unten stehenden Tabelle zu:

Bergahorn – Erbse – Esche – Frauenhaarfarn – Goldregen – Johannisbeere – Kartoffel – Platane – Rose – Rosskastanie – Spitzahorn – Stieleiche – Tomate – Walnuss

<table>
<tr><td></td><td></td><td></td><td></td><td></td><td></td><td></td></tr>
<tr><td colspan="4">a)</td><td colspan="3"></td></tr>
<tr><td colspan="4">b)</td><td colspan="3"></td></tr>
</table>

<table>
<tr><td></td><td></td><td></td><td></td><td></td></tr>
<tr><td>a)</td><td></td><td></td><td colspan="2"></td></tr>
<tr><td>b)</td><td></td><td></td><td colspan="2"></td></tr>
</table>

Name:	Klasse:	Datum:

2 Blattränder

a) Wie bezeichnet man die verschiedenen Blattränder? Benennen Sie die Blattränder, indem Sie die folgenden Begriffe (rechte Tabellenspalte) den Abbildungen in der unten stehenden Tabelle zuordnen:

Kennzeichen	**Blattrand**
Zähne und Einschnitte spitz zulaufend	= *gesägt*
Zähne spitz zulaufend, Einschnitte abgerundet	= *gezähnt*
Zähne und Einschnitte abgerundet	= *gebuchtet*
Zähne abgerundet, Einschnitte spitz	= *gekerbt*
Zähne nochmals gesägt	= *doppelt gesägt*
große Zähne sind grob gezähnt	= *schrotsägeförmig*
keine Einschnitte	= *ganzrandig*
wie Augenwimpern am Blattrand angeordnete Haare	= *gewimpert*

b) Ordnen Sie die folgenden Pflanzen den Blatträndern in der unten stehenden Tabelle zu:

Flieder – Haselnuss – Kaschmirbergenie – Löwenzahn – Platane – Salweide – Sommerlinde – Stieleiche

	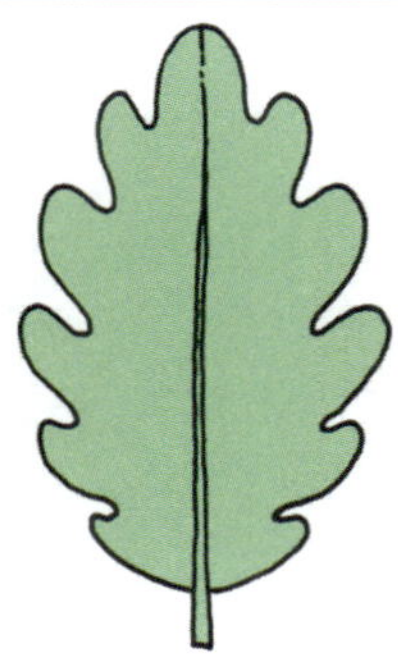		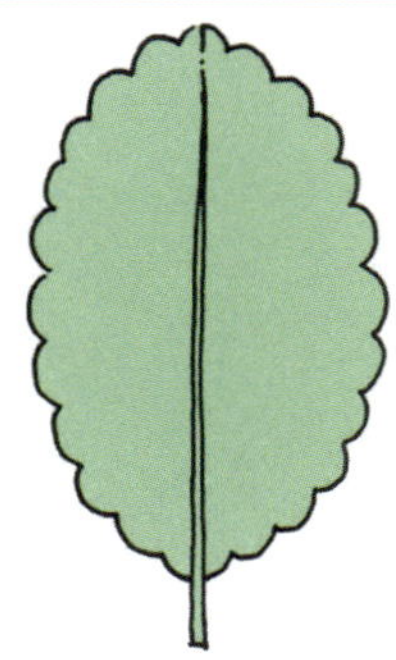
a)			
b)			
	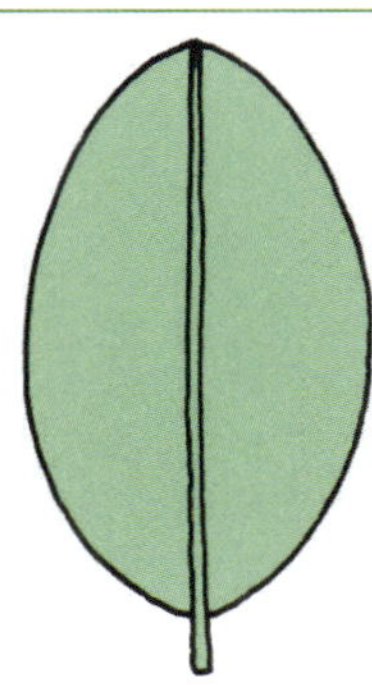		
a)			
b) [1]			

[1] *Bergenia ciliata fo. ligulata*

Name:	Klasse:	Datum:

3 **Bestimmen Sie anhand der abgebildeten Blätter die jeweilige Pflanze. Tragen Sie die botanischen und deutschen Pflanzennamen in die Tabelle auf der Seite 17 ein.**

Name:	Klasse:	Datum:

Nr.	**Botanischer Name** (Gattung + Art)	**Deutscher Name**
1		
2		
3		
4		
5		
6		
7		
8		
9		
10		
11		
12		
13		
14		
15		
16		
17		
18		
19		
20		
21		
22		
23		
24		
25		
26		
27		
28		
29		
30		
31		
32		
33		
34		
35		

Name:	Klasse:	Datum:

4 Anheftungen an die Sprossachse

Wie bezeichnet man die verschiedenen Anheftungen der Blätter an die Sprossachse? Benennen Sie die Anheftungen, indem Sie die folgenden Begriffe (rechte Tabellenspalte) den Abbildungen in der unten stehenden Tabelle zuordnen:

Kennzeichen	Anheftung an die Sprossachse
Blattbasis zieht sich an der Sprossachse herab und umfasst sie	= *Blattscheide*
Blattfläche umgibt die Sprossachse vollkommen	= *durchwachsen*
mit Blattstiel	= *gestielt*
ohne Blattstiel	= *sitzend*
Blattbasis oder -stiel umfasst die Sprossachse	= *stängelumfassend*
Blattbasis zieht sich an der Sprossachse herab	= *herablaufend*
gegenüberstehende Blätter sind miteinander verwachsen	= *verwachsen*

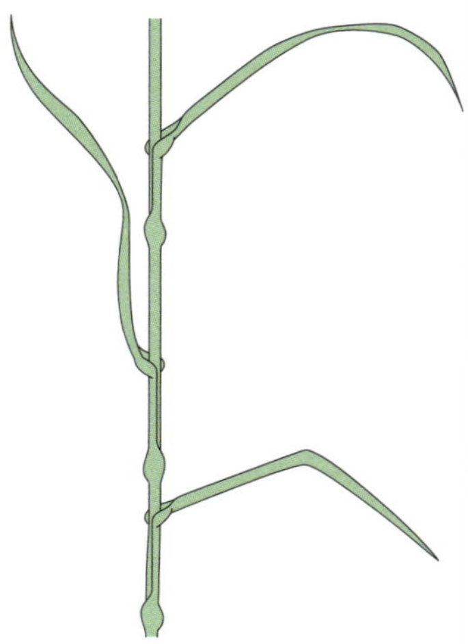

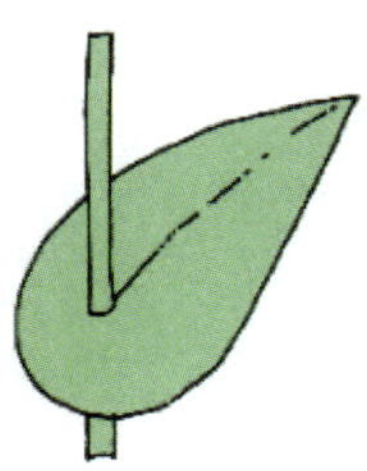

Name:	Klasse:	Datum:

5 Blattstellungen

Wie bezeichnet man die verschiedenen Blattstellungen? Benennen Sie die Blattstellungen, indem Sie die folgenden Begriffe (rechte Tabellenspalte) den Abbildungen in der unten stehenden Tabelle zuordnen:

Kennzeichen	Blattstellung
zwei Blätter stehen sich an jedem Blattknoten gegenüber	= *gegenständig*
Blätter stehen in Büscheln an den Blattknoten	= *büschelig*
es befinden sich drei oder mehr Blätter an einem Blattknoten	= *quirlständig oder wirtelig*
Blätter sind an der Sprossachse schraubig versetzt	= *wechselständig oder schraubig*
aufeinanderfolgende Blattpaare stehen kreuzweise übereinander	= *kreuzgegenständig*
Blätter sind an der Basis der Sprossachse angeordnet	= *rosettenartig*
das nächstfolgende Blatt entsteht an der gegenüberliegenden Seite	= *zweizeilig*

	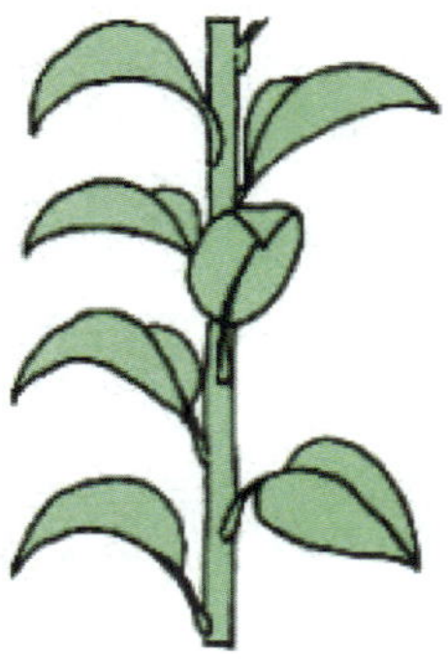		

Name:	Klasse:	Datum:

6 Laubgehölze mit auffallender Blattfärbung

Ordnen Sie die folgenden Pflanzen den Blattfarben in der unten stehenden Tabelle zu:

Acer negundo 'Aureo-Variegatum' – Acer negundo 'Variegatum' – Acer palmatum 'Atropurpureum' – Acer platanoides 'Faassen's Black' – Aralia elata 'Variegata' – Cornus alba 'Argenteomarginata' – Cornus alba 'Spaethii' – Corylus maxima 'Purpurea' – Cotinus coggygria 'Royal Purple' – Euonymus fortunei 'Emerald Gaiety' – Euonymus fortunei 'Gracilis' – Fagus sylvatica 'Atropunicea' – Gleditsia triacanthos 'Sunburst' – Robinia pseudoacacia 'Frisia' – Sambucus canadensis 'Aurea' – Sambucus nigra 'Black Beauty' – Ulmus carpinifolia 'Wredei'– Weigela florida 'Nana Variegata'

Pieris japonica 'Variegata'	*Euonymus fortunei 'Emerald'n Gold'*	*Prunus cerasifera 'Nigra'*
weißbunte Belaubung	**gelbliche Belaubung**	**rötliche Belaubung**

Name:	Klasse:	Datum:

Bau und Aufgaben der Sprossachse

1 Welche Aufgaben hat die Sprossachse? Vervollständigen Sie den Lückentext.

Die Sprossachse ist Träger der ______________. Als Verbindungsstück zwischen ______________ und ________________ dient sie der ____________________. In den Blättern werden die Leitungen der Sprossachse als __________________ sichtbar.

2 Die folgende Abbildung zeigt einen Sprossaufbau. Benennen Sie die nummerierten Bestandteile.

1	
2	
3	
4	
5	

3 Die folgende Abbildung zeigt krautige Pflanzen. Wie bezeichnet man ihre Sprossachsen?

beblättert, verzweigt oder unverzweigt	blattlos, häufig Rosettenwuchs, unverzweigt, trägt Blüte	beblättert, hohl, verdickte Blattknoten

Name:	Klasse:	Datum:

4 **Die folgende Abbildung zeigt verholzte Pflanzen. Wie bezeichnet man diese Pflanzen?**

nur im unteren Teil verholzt	Stamm- und Kronenbildung	mehrtriebig, verholzt

5 **Welche Sprossachsen weisen die folgenden Pflanzen auf? Kreuzen Sie das Zutreffende an.**

Pflanzenart	**Sprossachse**			
	Stängel	**Halm**	**Schaft**	**Stamm**
Stiefmütterchen				
Buche				
Gänseblümchen				
Gräser				
Hyazinthe				
Eiche				
Löwenzahn				
Bambus				
Aster				
Wegerich				
Schachtelhalm				

Name:	Klasse:	Datum:

6 Da Knospen je nach Pflanzenart typische Merkmale (Größe, Farbe, Form, Behaarung) aufweisen, sind die Winterknospen wichtige Bestimmungsmerkmale beim Erkennen von Gehölzen im unbelaubten Zustand. Ordnen Sie die folgenden Pflanzen den Abbildungen zu und ergänzen Sie den botanischen Namen (Gattung und Art):

Bergahorn (Knospen grün) – *Feldulme* (Knospen schmal-eiförmig, meist zugespitzt, abstehend, rotbraun) – *Gemeine Esche* (Knospen schwarz) – *Hänge-/Sandbirke* (Knospen zunächst grün, dann gelblich und später rotbraun) – *Rosskastanie* (Knospen groß, rotbraun, klebrig) – *Rotbuche* (Knospen sehr lang, spitz, braun, abstehend) – *Schwarzerle* (Seitenknospen gestielt, abstehend) – *Sommerlinde* (Knospen eiförmig, abstehend, Lichtseite glänzend rot, Schattenseite grün) – *Spitzahorn* (Knospen rotbraun, anliegend, zugespitzt) – *Stieleiche* (Knospen eiförmig, hellbraun, am Ende gehäuft)

1 	2 	3 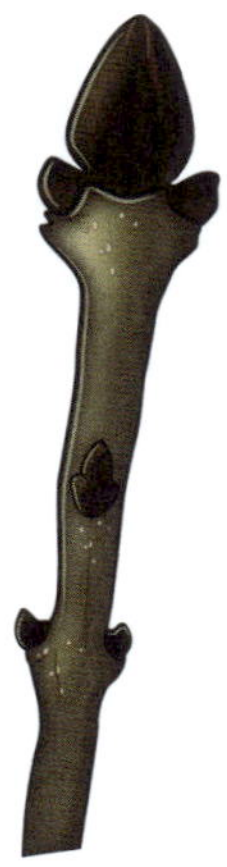	4 	5 
6 	7 	8 	9 	10 

Name:	Klasse:	Datum:

7 **Die folgende Abbildung zeigt einen Längsschnitt durch eine Knospe. Ordnen Sie die Ziffern in der Abbildung dem jeweils richtigen Begriff in der Tabelle zu.**

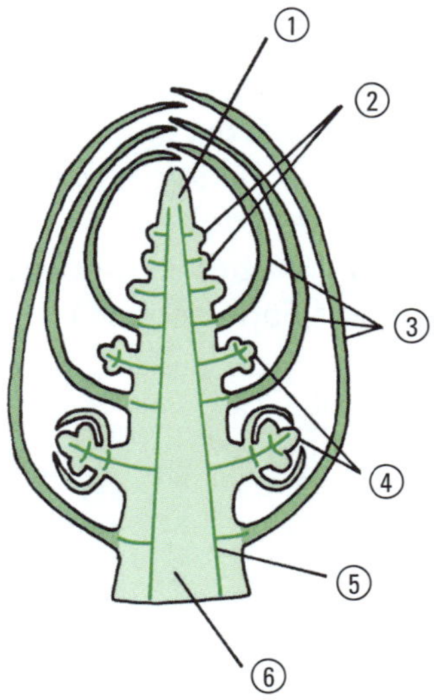

	Leitbündel
	kleine Blättchen
	junge Blattanlagen
	Vegetationspunkt
	Mark
	Achselvegetationspunkte

8 **Beschreiben Sie den Aufbau einer Knospe.**

____

____

____

____

____

9 **Die Form der Sprossachse kann recht unterschiedlich sein. Wie nennt man die nachstehend abgebildeten Formen? Ordnen Sie die folgenden Bezeichnungen zu:**

geflügelt – gerieft – kantig – rund

	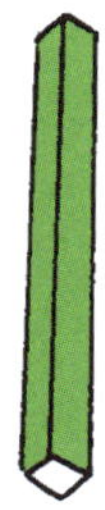	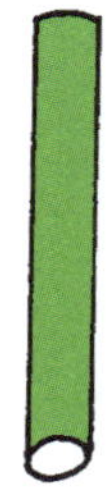	

Name:	Klasse:	Datum:

Wurzelmetamorphosen

1 **Was bezeichnet man in der Botanik als Metamorphose?**

____

____

____

____

2 **Kreuzen Sie die jeweils zutreffende Wurzelmetamorphose an.**

Pflanzen	Wurzel-knollen	Wurzel-ranken	Haft-wurzeln	Rübe	Atem-wurzeln	Stütz-/Stelz-wurzeln	Mykor-rhiza	Saug-wurzeln/Haus-torien
Buche								
Mistel								
Möhre								
Dahlie								
Efeu								
Mais								
Vanille								
Pfingstrose								
Mangrove								
Sumpf-zypresse								
Kletter-hortensie								
Europäische Seide								

Name:	Klasse:	Datum:

3 **Benennen Sie:**

a) die nachfolgend abgebildeten Wurzelmetamorphosen und
b) nennen Sie deren jeweilige Aufgaben.

Wurzelmetamorphose		
1  Möhre	a)	
	b)	
2  Dahlie	a)	
	b)	
3  Vanille	a)	
	b)	

Name:	Klasse:	Datum:

<table>
<tr><th colspan="3">Wurzelmetamorphose</th></tr>
<tr><td rowspan="2">4

Efeu</td><td>a)</td><td></td></tr>
<tr><td>b)</td><td></td></tr>
<tr><td rowspan="2">5

Monstera</td><td>a)</td><td></td></tr>
<tr><td>b)</td><td></td></tr>
<tr><td rowspan="2">6
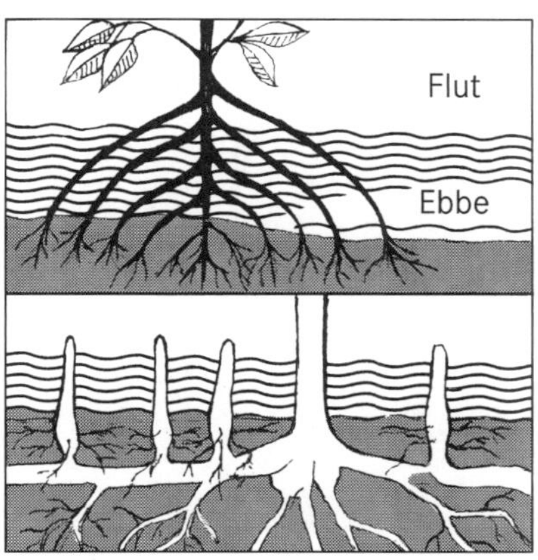

Mangrove</td><td>a)</td><td></td></tr>
<tr><td>b)</td><td></td></tr>
</table>

Name:	Klasse:	Datum:

<table>
<tr><th colspan="3">Wurzelmetamorphose</th></tr>
<tr><td rowspan="2">7

Mais</td><td>a)</td><td></td></tr>
<tr><td>b)</td><td></td></tr>
<tr><td rowspan="2">8
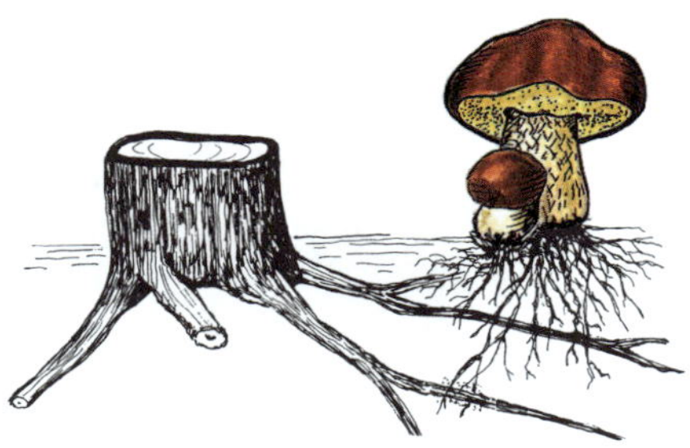
Buche und Steinpilz</td><td>a)</td><td></td></tr>
<tr><td>b)</td><td></td></tr>
<tr><td rowspan="2">9

Wirtspflanze Mistel</td><td>a)</td><td></td></tr>
<tr><td>b)</td><td></td></tr>
</table>

Name:	Klasse:	Datum:

4 **Häufig sind neben der Hauptwurzel auch Teile der Sprossachse verdickt. Hier handelt es sich nicht um reine Wurzelmetamorphosen, sondern um Wurzel- und Sprossmetamorphosen. Ordnen Sie die folgenden Begriffe in das Schaubild ein.**

Epikotyl – Hypokotyl – Keimblätter – Laubblätter – Wurzelhals – Rettich – Zuckerrübe – Runkel- oder Futterrübe

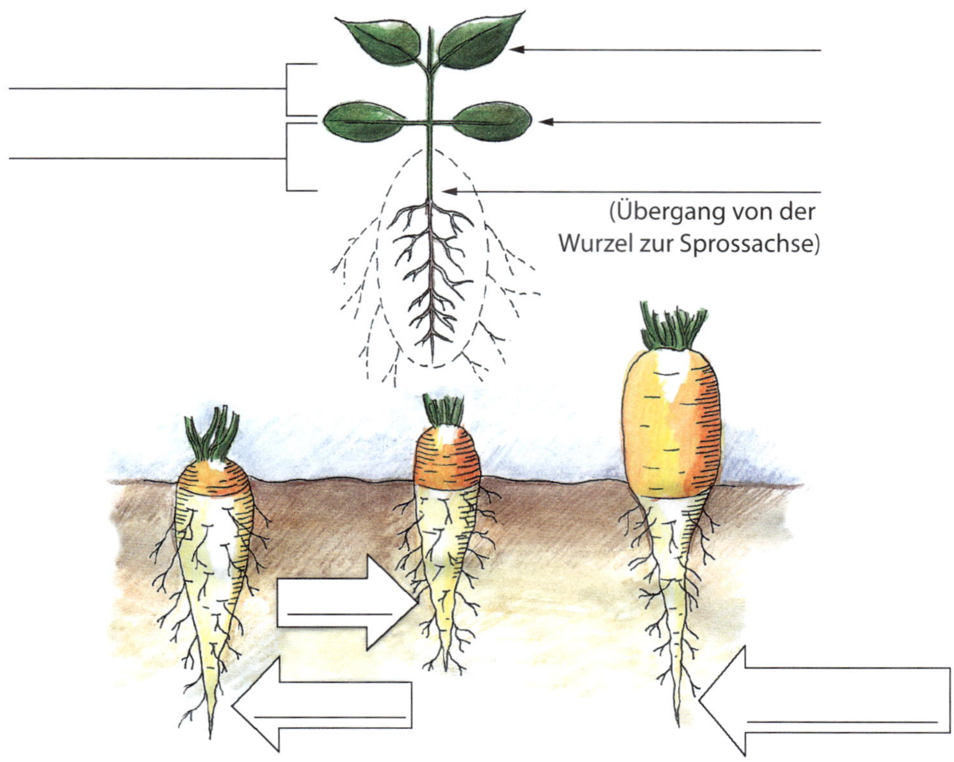

5 **In den Buchstabenreihen verstecken sich 9 Begriffe zur Wurzelmetamorphose. Finden und rahmen Sie diese ein.**

<u>Achtung</u>: Die Begriffe können sich waagerecht und senkrecht sowie vorwärts oder rückwärts zu lesen im Rätsel verstecken.

A	H	A	S	V	H	S	T	U	E	T	Z	W	U	R	Z	E	L	N	P
G	E	B	U	C	G	H	U	I	O	P	S	A	U	Y	A	U	S	E	I
C	B	B	K	X	V	O	G	E	Y	R	T	Z	F	U	T	T	E	R	L
M	E	H	L	Z	W	N	L	E	Z	R	U	W	T	F	U	L	L	A	Z
J	U	Z	T	H	A	U	S	T	O	R	I	E	N	K	L	A	S	U	W
L	R	D	C	U	O	L	E	S	O	H	P	R	O	M	A	T	E	M	U
H	A	F	T	W	U	R	Z	E	L	W	K	L	H	I	O	R	A	S	R
G	A	S	T	H	H	U	I	O	L	P	A	C	C	D	K	L	P	M	Z
B	H	J	L	P	P	O	I	T	Z	H	O	K	L	U	I	X	T	R	E
A	Z	I	H	R	R	O	K	Y	M	A	S	Y	M	B	I	O	S	E	L

Name:	Klasse:	Datum:

6 **Ergänzen Sie die Mindmap zu Wurzelmetamorphosen.**

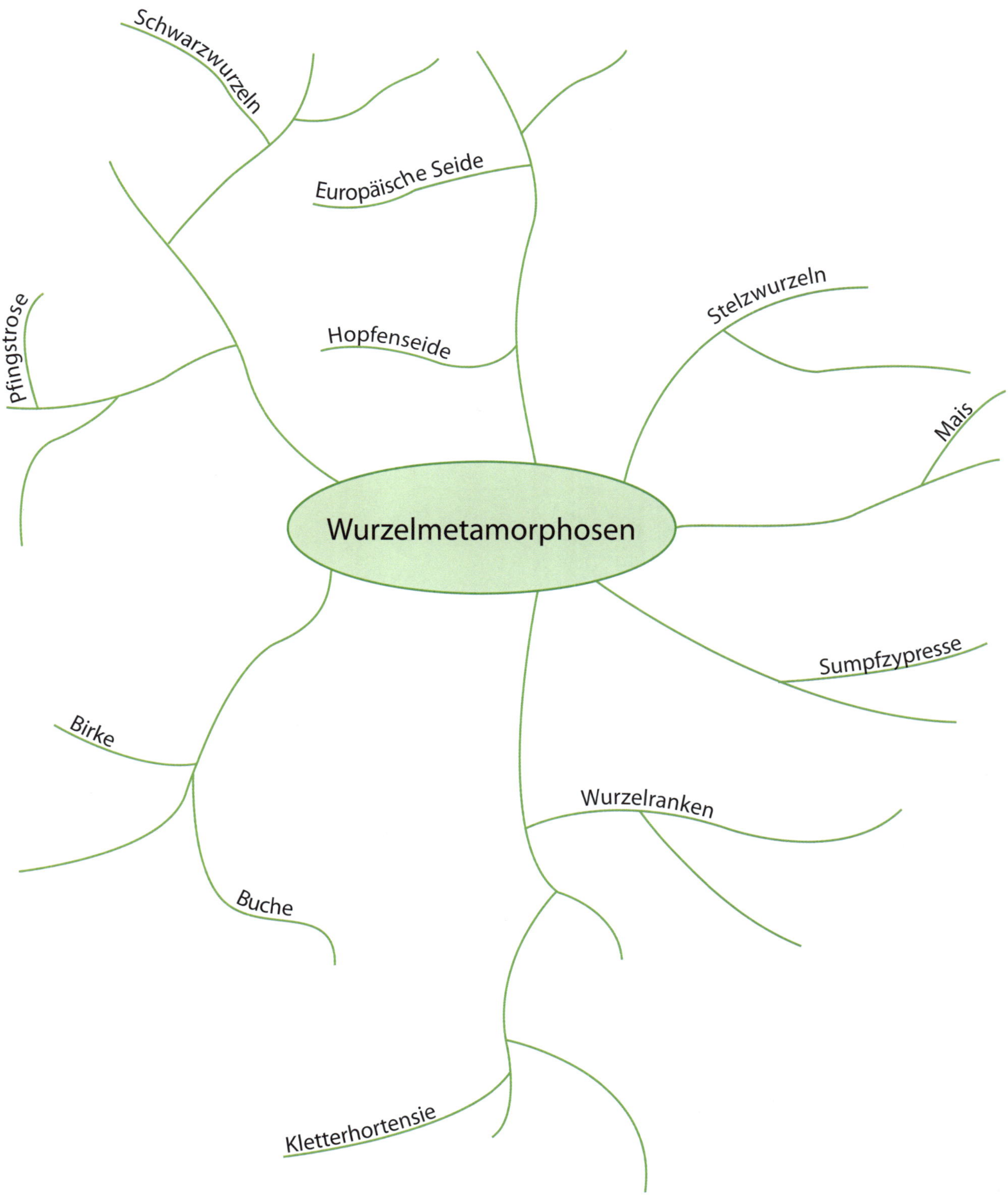

Name:	Klasse:	Datum:

Blattmetamorphosen

1 Benennen Sie:

a) die nachfolgend abgebildeten Blattmetamorphosen und
b) nennen Sie deren jeweilige Aufgaben.

a)			
b)			

a)			
b)			

Name:	Klasse:	Datum:

a)			
b)			

2 **Erklären Sie die Besonderheiten, die die nachfolgend abgebildeten Pflanzen aufweisen.**

 Brutblatt *(Bryophyllum daigremontianum)*	 Tigerlilie *(Lilium lancifolium)*

Name:	Klasse:	Datum:

3 **Ein Beispiel für die Ausbildung von Urnenblättern ist *Dischidia vidalii*, eine epiphytische Schlingpflanze aus dem tropischen Asien.**

a) Erklären Sie, wie sich die Pflanze an ein Leben in den Kronen der Bäume des tropischen Regenwaldes angepasst hat.
b) Zeichnen Sie den Wasserkreislauf in die Urne ein.

b)

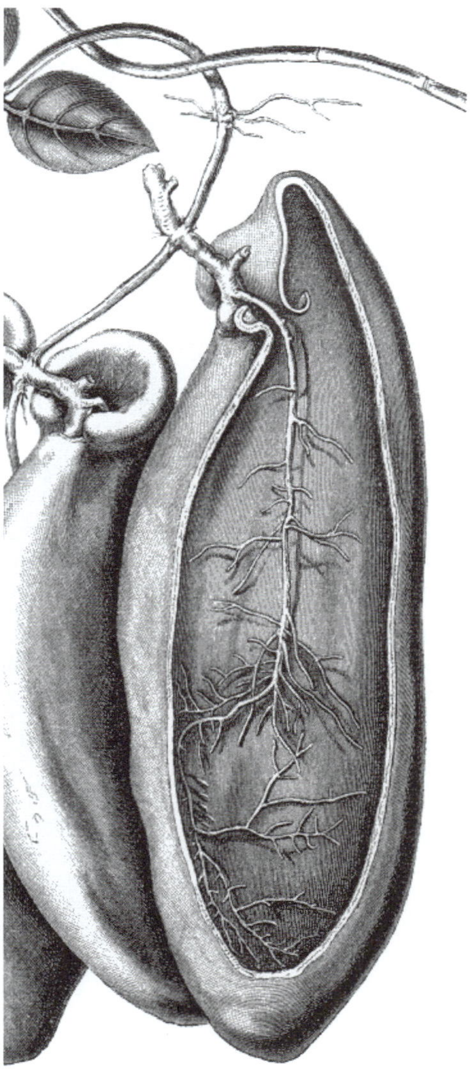

a)

Name:	Klasse:	Datum:

4 **Kreuzen Sie die jeweils zutreffende Blattmetamorphose an.**

Pflanzen	Blatt-ranken	Mantel-blätter	Blatt-zister-nen	Blatt-suk-kulenz	Blatt-dornen	Hoch-blätter	Fang-blätter	Urnen-blätter
Sonnentau *(Drosera-Arten)*								
Kakteen								
Bromelien								
Geweihfarn *(Platycerium bifurcatum)*								
Gurke								
Venusfliegenfalle *(Dionaea muscipula)*								
Berberitze *(Berberis vulgaris)*								
Kürbis								
Wasserschlauch *(Utricularia vulgaris)*								
Robinie *(Robinia pseudoacacia)*								
Crassula-Arten								
Clematis-Arten								
Fettkraut *(Pinguicula vulgaris)*								
Urnenpflanze *(Dischidia vidalii)*								
Weihnachtsstern *(Euphorbia pulcherrima)*								
Agaven								
Flamingoblume *(Anthurium)*								
Bogenhanf *(Sansevieria trifasciata)*								
Kannenpflanzen *(Nepenthes-Arten)*								
Aronstabgewächse *(Araceae)*								
Blumenhartriegel *(Cornus florida, Cornus kousa)*								
Sumpfkalla *(Calla palustris)*								

Name:	Klasse:	Datum:

Sprossmetamorphosen

1 **Was versteht man unter einer Sprossmetamorphose?**

2 **Feigenkakteen (Opuntien) – erklären Sie die Besonderheiten.**

Name:	Klasse:	Datum:

3 **Wenn man die in Amerika beheimateten Kakteen mit Pflanzen der Wüstengebiete Afrikas vergleicht, erkennt man, dass viele dieser Pflanzen den Kakteen zum Verwechseln ähnlich sehen.**

Kakteen Euphorbien

a) Warum haben sukkulente Wolfsmilcharten und Kakteen die gleichen Merkmale entwickelt, obwohl sie nicht miteinander verwandt und auf verschiedenen Kontinenten beheimatet sind?

b) Woran kann man kakteenähnliche Euphorbien von Kakteen unterscheiden?

4 **Die folgende Abbildung zeigt die Vermehrung des Weihnachtskaktus (Schlumbergera) durch Blattgliedstecklinge.**

a) Bei den sogenannten Blattgliedstecklingen handelt es sich jedoch gar nicht um Blätter. Erklären Sie dies.

b) Beschreiben Sie die Vermehrung.

Name:	Klasse:	Datum:

5 **Begründen Sie in der unten stehenden Tabelle jeweils die genannten Umwandlungen bei dem hier abgebildeten Kaktus.**

Haarpolster (Areolen)
Blattdornen
Sprossachse stark verdickt und grün
Rippenbildung
kugelähnliche Form
flach verlaufende, weitreichende Wurzeln

Name:	Klasse:	Datum:

6 Benennen Sie:

a) die nachfolgend abgebildeten Sprossmetamorphosen
b) beschreiben Sie deren Umwandlung und
c) nennen Sie deren jeweilige Aufgaben.

1

Quecke

a)

b)

c)

2

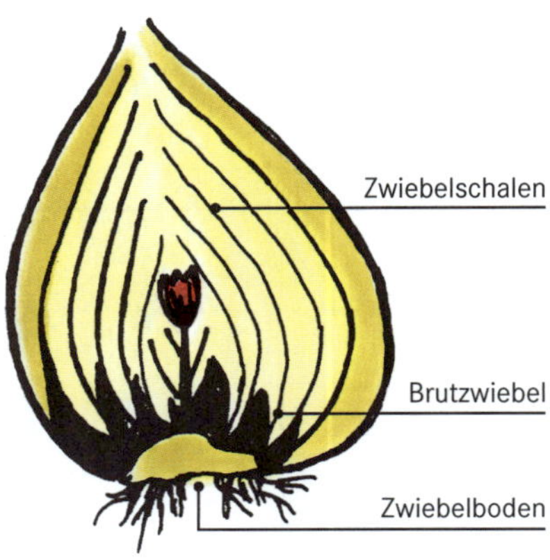

Tulpe

a)

b)

c)

Name:	Klasse:	Datum:

3

Kohlrabi

a)

b)

c)

4

Passionsblume

Wilder Wein

a)

b)

c)

5

Weißdorn

a)

b)

c)

Name:	Klasse:	Datum:

<table>
<tr><td rowspan="3">**6**
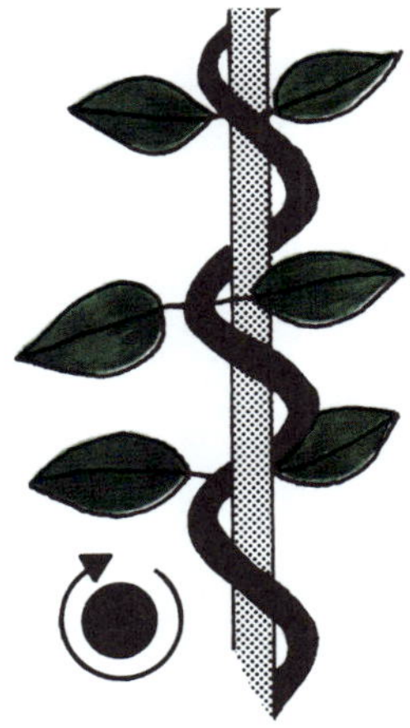
Geißblatt</td><td>a)</td></tr>
<tr><td>b)</td></tr>
<tr><td>c)</td></tr>
<tr><td rowspan="3">**7**

Erdbeere</td><td>a)</td></tr>
<tr><td>b)</td></tr>
<tr><td>c)</td></tr>
<tr><td rowspan="3">**8**
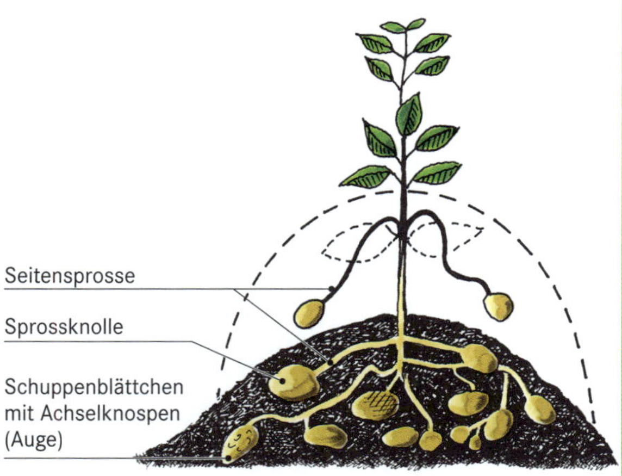

Kartoffel</td><td>a)</td></tr>
<tr><td>b)</td></tr>
<tr><td>c)</td></tr>
</table>

Name:	Klasse:	Datum:

7 **Benennen Sie die in den beiden folgenden Abbildungen nummerierten Pflanzenbestandteile, indem Sie in den unten stehenden Tabellen die richtigen Begriffe zuordnen.**

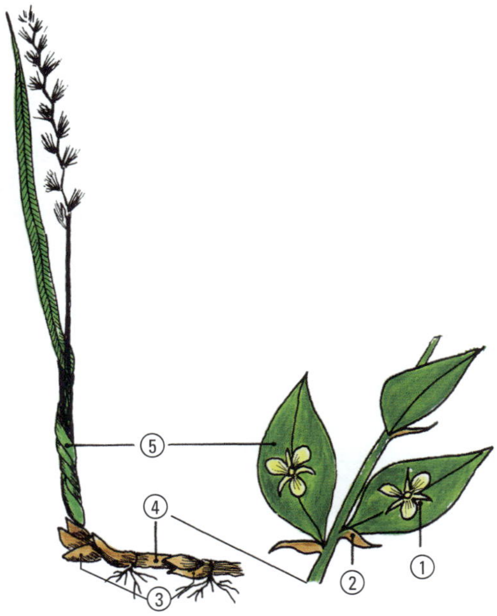

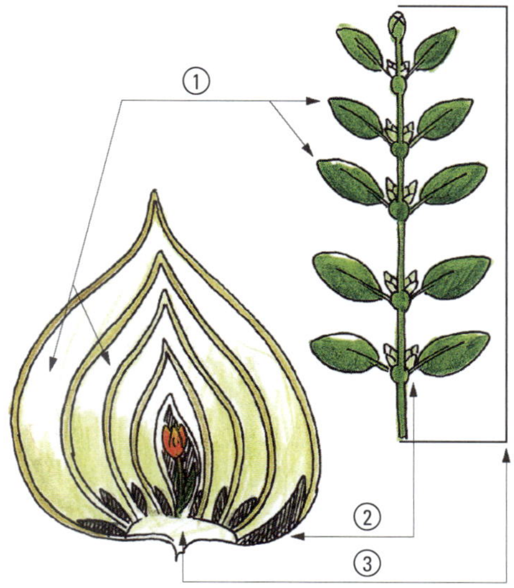

1	
2	
3	
4	
5	

Blatt – Blüte – Hauptspross – Niederblätter – Seitenspross

1	
2	
3	

Brutzwiebeln – Zwiebelboden – Zwiebelschalen

8 **Woran kann man erkennen, dass es sich bei einem Wurzelstock nicht um eine Wurzel handelt?**

____

____

9 **Bei manchen Pflanzen, bei denen die Sprossachse die Fotosynthese übernimmt, ist die Sprossachse derart verbreitert, dass man sie mit Blättern verwechseln könnte (z. B. Feigenkakteen, Mäusedorn). Woran kann man im Zweifelsfall erkennen, ob es sich um ein Blatt oder eine blattähnlich verbreiterte Sprossachse handelt?**

____

____

Name:	Klasse:	Datum:

1–38

10 Zwiebeln und Knollen

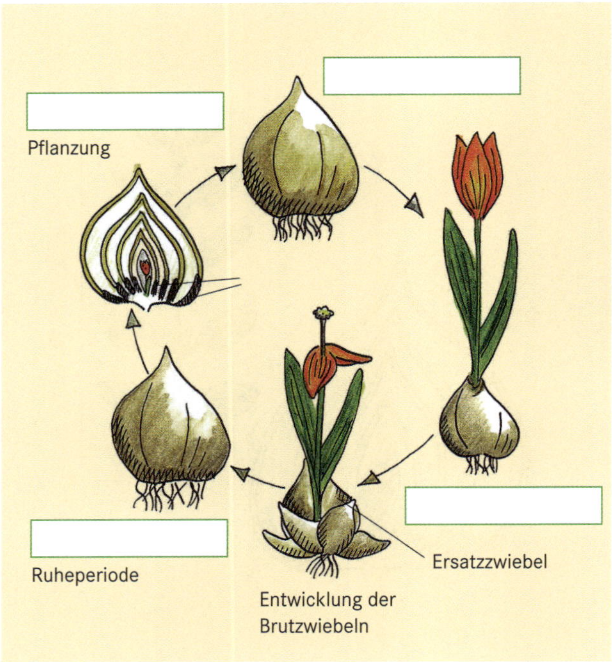

a) Die Abbildung links zeigt den Entwicklungsverlauf bei Tulpenzwiebeln. Ordnen Sie die vier Jahreszeiten richtig zu.

b) Erklären Sie anhand der Abbildung oben, woran man im Zweifelsfall erkennen kann, ob es sich um eine Zwiebel (links Tulpe) oder um eine Knolle (rechts Krokus) handelt.

11 Unterscheiden Sie Dornen und Stacheln.

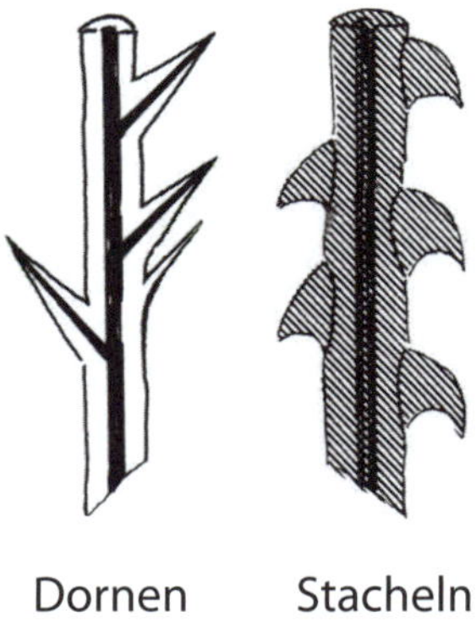

Dornen:

Stacheln:

Name:	Klasse:	Datum:

Die Blüte

1 **Die Blüte hat sich im Lauf der Evolution aus dem Spross entwickelt. Warum ist sie die bedeutendste Sprossmetamorphose im Pflanzenreich?**

2 **Die Fruchtknotenstellung in einer Blüte kann ober-, mittel-, oder unterständig sein.**

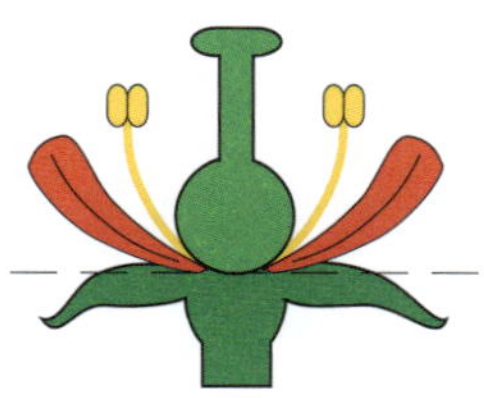	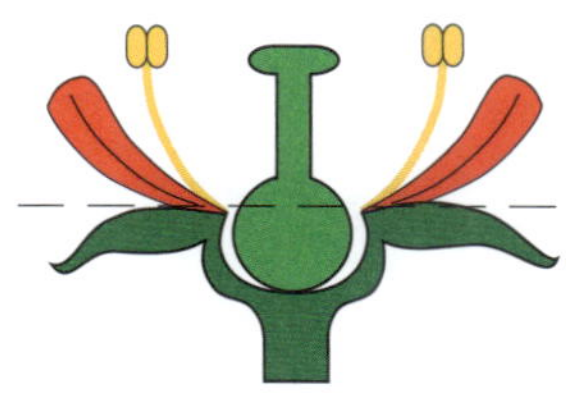	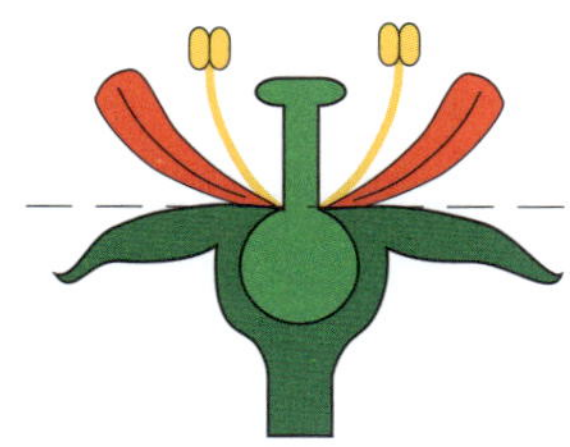
a) Beschreiben Sie bei den verschiedenen Fruchtknotenstellungen die Lage des Fruchtknotens im Verhältnis zur Ansatzstelle der Kelchblätter und zum Blütenboden.		
oberständig	**mittelständig**	**unterständig**
b) Ordnen Sie die folgenden Pflanzen den Fruchtknotenstellungen richtig zu: *Apfel – Birne – Kirsche – Mandel – Mohn – Schlehe – Schneeglöckchen – Sommerlinde – Tulpe*		

Name:	Klasse:	Datum:

3 **Die folgende Abbildung zeigt eine zweigeschlechtliche Blüte.**

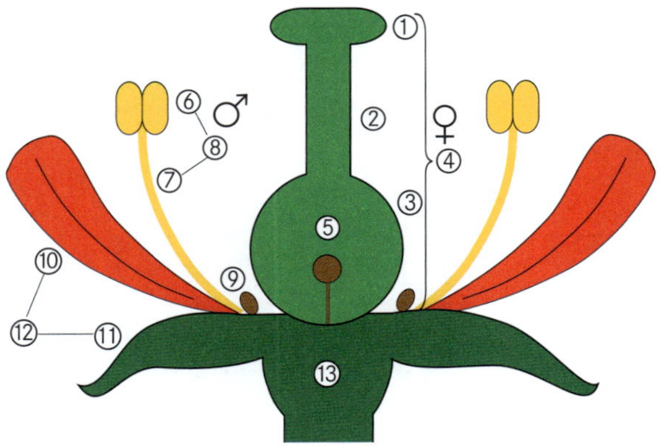

a) Woran kann man zweigeschlechtliche (zwittrige) Blüten erkennen?

____

____

____

____

____

b) Benennen Sie die nummerierten Blütenteile und nennen Sie deren jeweilige Aufgaben.

Blütenteile	Nr.	Aufgaben
	10	
	2	
	9	
	8	
	4	
	1	
	3	
	5	
	13	
	6	
	7	
	12	
	11	

Name:	Klasse:	Datum:

4 **Die folgende Abbildung zeigt eine Beetbepflanzung mit Tulpen. Erklären Sie die unterschiedlichen Blütenfarben (grün/gelb).**

5 **Erstellen Sie ein Blütendiagramm von einer Apfel-, Pflaumen- oder Kirschblüte.**

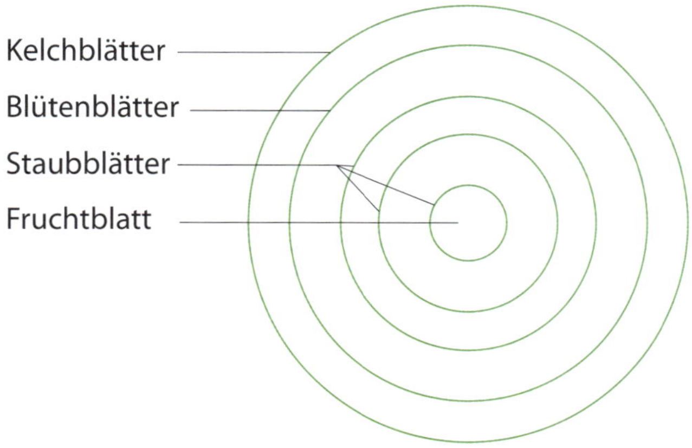

a) Trennen Sie die Vorlage auf der Seite 167/168 aus dem Heft heraus.

b) Trennen Sie die Kelchblätter der Blüte mit einer Pinzette ab und ordnen Sie sie auf dem äußeren Kreis der Vorlage Seite 167 oder 168 an.

c) Trennen Sie Blütenblätter, Staubblätter und das Fruchtblatt ebenso ab und ordnen Sie diese auf den jeweils dafür vorgesehenen inneren Kreisen an.

d) Kleben Sie die Blütenteile mit etwas Kleber fest.

e) Überziehen Sie das Blütendiagramm zum Schutz mit einer selbsthaftenden durchsichtigen Folie.

Name:	Klasse:	Datum:

6 **Ordnen Sie:**

a) die folgenden Begriffe der richtigen Abbildung zu:

einhäusig – zweigeschlechtlich – zweihäusig

b) die folgenden Pflanzen der richtigen Abbildung zu:

Apfel – Birke – Eibe – Erdbeere – Erle – Ginkgo – Haselnuss – Hopfen – Kirsche – Kiwi – Kürbis – Mais – Rose – Spargel – Tulpe – Walnuss – Weide

a)		
b)		

7 **Mittels Blütendiagramm und Blütenformel kann der Aufbau einer Blüte übersichtlich dargestellt werden. Was können Sie aus den folgenden Darstellungen entnehmen?**

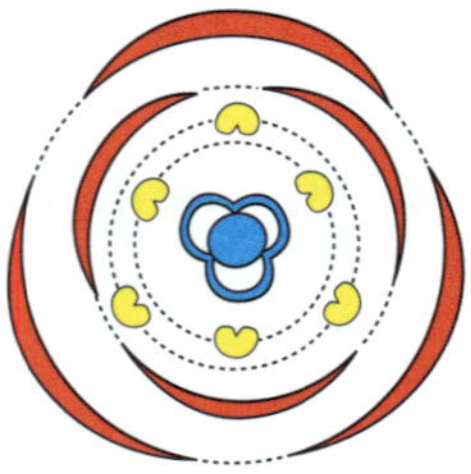

$\ast P3 + 3\,A3 + 3\,G(\underline{3})$

Tulpe

___

___

___

___

___

___

___

___

___

Name:	Klasse:	Datum:

Blütenstände

1 **Im Laufe der Evolution ist es bei sehr vielen Pflanzen zu einer Verkleinerung der Blüten und zur Ansammlung der Blüten in Gruppen gekommen. Es bildeten sich Blütenstände. Welche Vorteile ergeben sich für diese Pflanzen durch die Ausbildung von Blütenständen statt von Einzelblüten?**

2 **Die Abbildung zeigt den Blütenstand einer Sonnenblume.**

a) Benennen Sie die Art der Einzelblüten.

b) Erklären Sie anhand des Blütenstandes die Arbeitsteilung unter den Einzelblüten.

3 **Welche Blütenstände weisen die rechts aufgelisteten Pflanzenbeispiele auf? Ordnen Sie die Zahlen der Beispiele in der Tabelle richtig zu. Lösen Sie gegebenenfalls zunächst die Aufgabe 4 auf der Seite 48.**

Blütenstand	**Zahlen der Pflanzenbeispiele**
Traube	
Ähre	
Kolben	
Körbchen	
Dolde	
Trugdolde	
zusammengesetzte Dolde	
Rispe	
Doldentraube	
Doldenrispe	
Wickel	
Schraubel	
Kätzchen	
Köpfchen	
zusammengesetzte Ähre	

1 Lupine, **2** Wegerich, **3** Mais, **4** Sonnenblume, **5** Flieder, **6** Apfel, **7** Phlox, **8** Petersilie, **9** Kartoffel, **10** Taglilie, **11** Weißdorn, **12** Maiglöckchen, **13** Birke, **14** Aronstabgewächse, **15** Rosskastanie, **16** Weide, **17** Löwenzahn, **18** Weintraube, **19** Kirsche, **20** Schwarzer Holunder, **21** Hortensie, **22** Tomate, **23** Vergissmeinnicht, **24** Klee, **25** Birne, **26** Fingerhut, **27** Glyzinie, **28** Zapfen der Koniferen, **29** Haselnuss, **30** Aster, **31** Deutsches Weidelgras, **32** Gänseblümchen, **33** Weizen, **34** Efeu, **35** Nachtkerze, **36** Walnuss, **37** Erle, **38** Kornelkirsche, **39** Wilde Möhre, **40** Schlüsselblume, **41** Schafgarbe, **42** Vogelmiere, **43** Dill, **44** Lungenkraut

Name:	Klasse:	Datum:

4 **Benennen Sie die folgenden Blütenstände.**

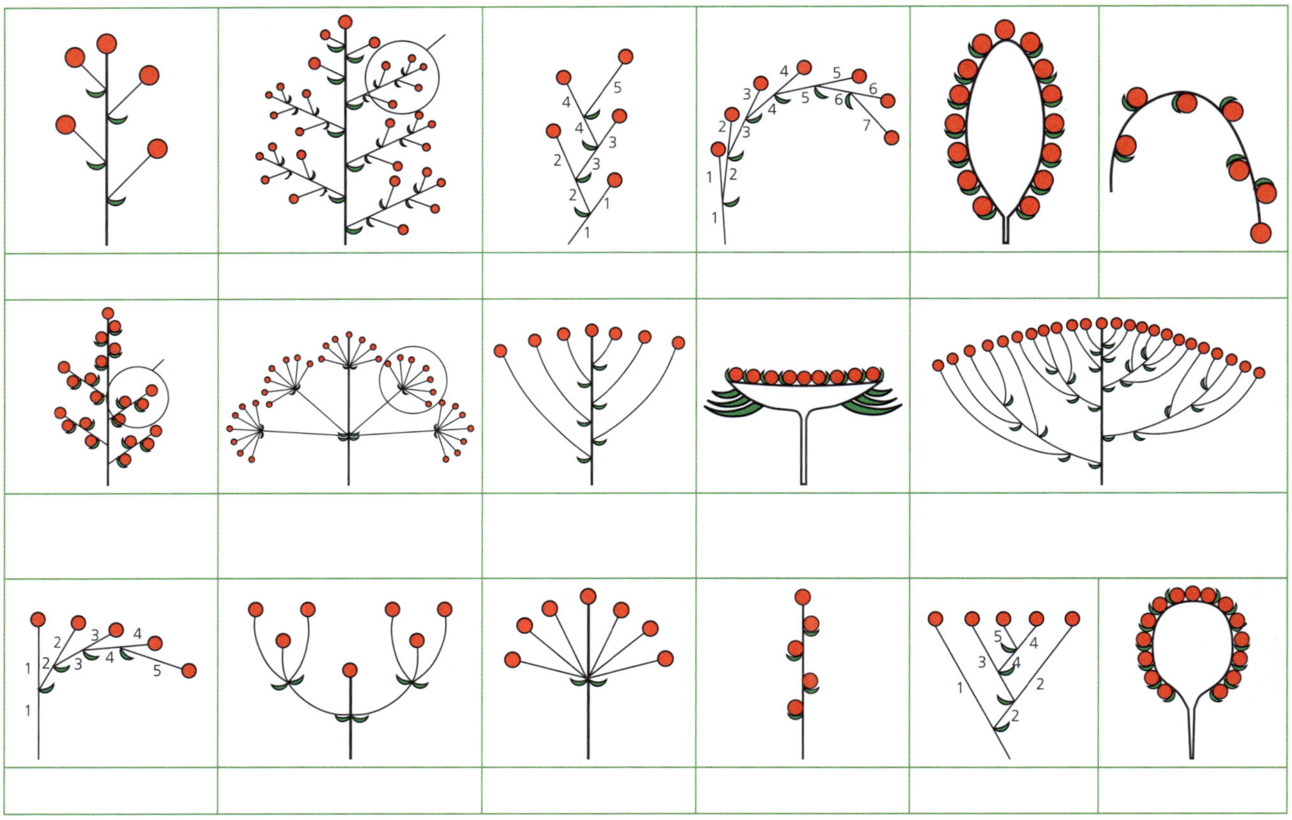

Beschreibung	**Blütenstand**
Vom Endpunkt der Hauptachse gleich lang gestielte Einzelblüten	= Dolde
Hauptachse verdickt und gestaucht, Einzelblüten sitzend	= Körbchen
Hauptachse lang, Einzelblüten sitzend	= Ähre
Hauptachse verdickt, rundlich gestaucht	= Köpfchen
Wie Dolde, aber nicht alle Blüten in schirmartiger Ebene	= Trugdolde
Hauptachse lang, an Seitenachsen sitzende Einzelblüten	= zusammengesetzte Ähre
Hauptachse lang, Einzelblüten gestielt	= Traube
Aus vielen Träubchen zusammengesetzt	= Rispe
Hängende Ähre	= Kätzchen
Hauptachse lang und verdickt, Einzelblüten sitzend	= Kolben
Die Einzelblüten der Traube sind in einer Ebene angeordnet	= Doldentraube
Hauptachse lang, Einzelblüten bilden sich immer auf der gleichen Seite	= Schraubel
Wie Schraubel, jedoch bilden die Einzelblüten eine Ebene	= Sichel
Hauptachse und nachfolgende Seitenachsen enden mit einer Blüte	= Wickel
Wie Wickel, jedoch liegen die Einzelblüten in einer Ebene	= Fächel
Einzelblüten der Rispe wie bei einer Dolde in einer Ebene angeordnet	= Doldenrispe
Aus vielen Döldchen zusammengesetzt	= zusammengesetzte Dolde

Name:	Klasse:	Datum:

5 **Vor allem Blüten machen Pflanzen auf vielfältige Weise dekorativ. Um welche Pflanzen handelt es sich bei den folgenden Abbildungen?**

Name:	Klasse:	Datum:

6 **Lösen Sie das Kreuzworträtsel zum Blütenstand. Umlaute werden getrennt geschrieben (z. B. Ä = AE), ß wird als SS geschrieben.**

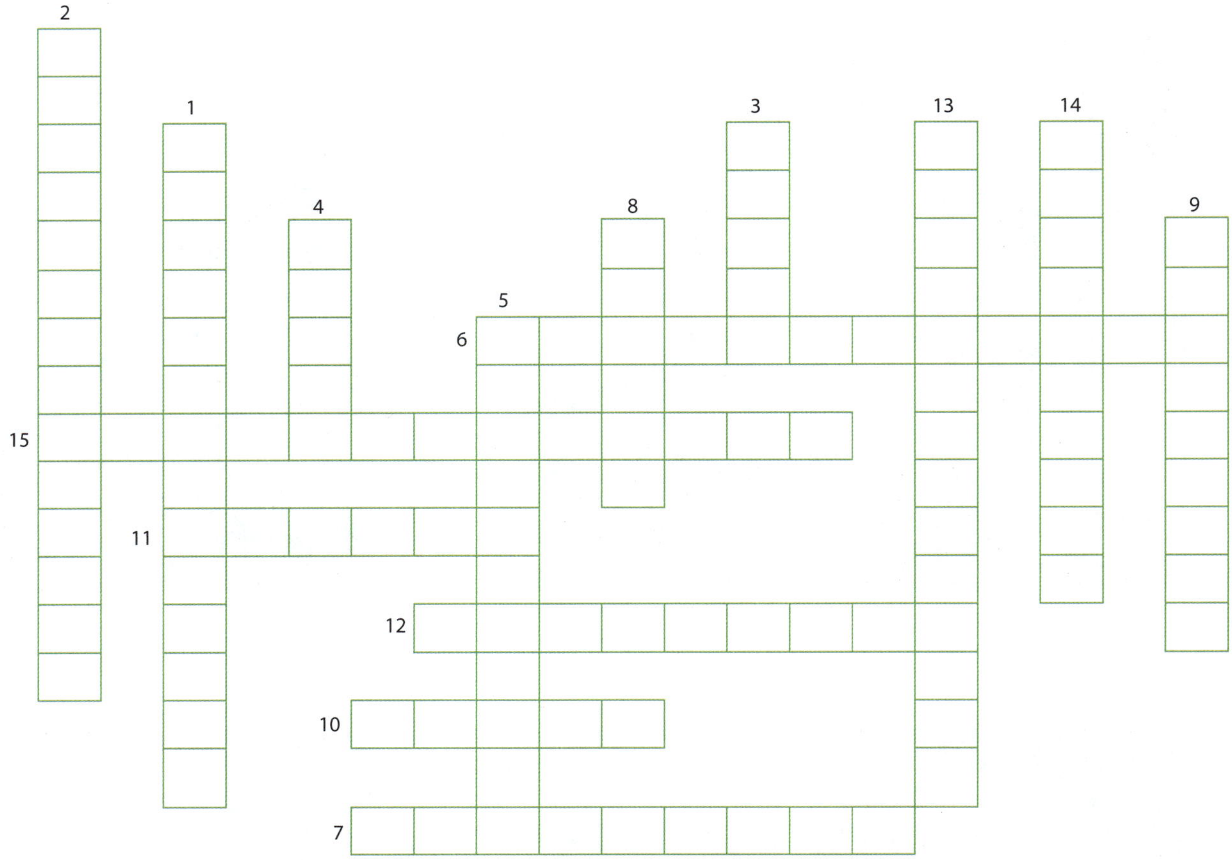

1.	Ansammlung einzelner Blüten in Gruppen
2.	Blütenstände
3.	Hauptachse lang, Einzelblüten sitzend, z. B. Wegerich
4.	vom Endpunkt der Hauptachse gleich lang gestielte Einzelblüten, z. B. Apfel
5.	Einzelblüten der Rispe sind wie bei einer Dolde in einer Ebene angeordnet, z. B. Birne
6.	Einzelblüten der Traube sind in einer Ebene angeordnet, z. B. Phlox
7.	hängende Ähre, z. B. Weide
8.	Hauptachse verdickt, Einzelblüten sitzend, z. B. Mais
9.	Hauptachse verdickt, gestaucht und verbreitert, z. B. Sonnenblume
10.	zusammengesetzte Traube, z. B. Flieder
11.	Hauptachse lang, Einzelblüten gestielt, z. B. Lupine
12.	Scheindolde, nicht alle Blüten befinden sich in der schirmartigen Ebene, z. B. Schwarzer Holunder
13.	Blüten der Korbblütler, die keine Blütenblätter, dafür aber funktionsfähige Geschlechtsorgane besitzen
14.	kleine Trauben, die in einem traubigen Blütenstand an der Stelle der Einzelblüten sitzen
15.	Blüten der Korbblütler, die nur ein, dafür aber besonders großes Blütenblatt besitzen; ihre Geschlechtsorgane sind verkümmert

Name:	Klasse:	Datum:

Die Zelle und ihre Bestandteile

1 Die Zelle ist der Grundbaustein aller Lebewesen. In ihr laufen die Stoffwechselvorgänge ab, die Leben ermöglichen. Die Abbildung unten zeigt den Aufbau einer jungen Pflanzenzelle.

In der unten stehenden Tabelle (siehe auch folgende Seite) sind die Zellbestandteile und deren Aufgaben aufgeführt.

a) Ordnen Sie zunächst die Ziffern aus der Abbildung dem jeweils richtigen Zellbestandteil zu.

b) Leider sind die Zellbestandteile und ihre Aufgaben durcheinandergeraten. Bringen Sie die „Paare" wieder in Übereinstimmung, indem Sie die Aufgaben mit den jeweils dazugehörenden Ziffern der Zellbestandteile versehen (siehe Beispiel in der Tabelle).

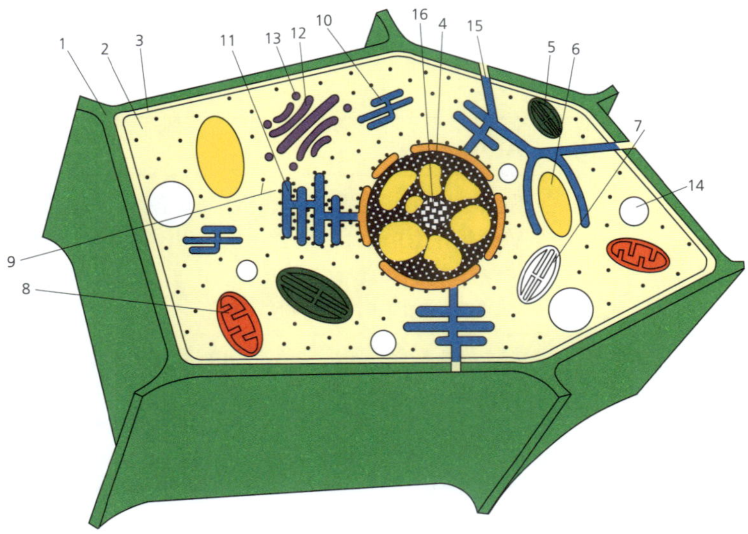

Nr.	Zellbestandteil	Nr.	Aufgaben
	Tüpfel		ist an der Bildung von Ribosomen beteiligt
1	Zellwand		bilden Kanäle in den Zellwänden, über die das Zellplasma benachbarter Zellen miteinander in Verbindung steht
	Chromoplast		Träger des grünen Farbstoffs (Chlorophyll), der die grüne Farbe der Pflanzen bewirkt; Orte der Fotosynthese
	Chloroplast		Speicherung von Reservestoffen; Umwandlung von Traubenzucker in Stärke
	Mitochondrien		grenzt das Plasma nach außen gegen die Zellwand und nach innen gegen die Vakuolen ab; schafft die Voraussetzung für Osmose und Stabilität krautiger Pflanzenteile (Turgordruck)
	Vakuole		Träger der Erbanlagen; ist für den Schutz, den Erhalt und die Weitergabe der genetischen Information verantwortlich; steuert alle Stoffwechselvorgänge in der Zelle („Steuerungszentrale")
	Kernkörperchen		dient in dieser Form der Eiweißsynthese

Name:	Klasse:	Datum:

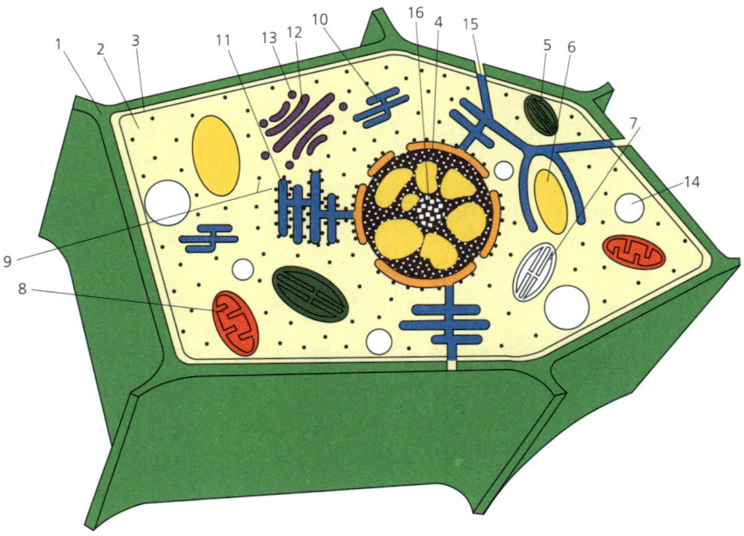

Nr.	Zellbestandteil	Nr.	Aufgaben
	Ribosomen	1	Schutz des Zellinhalts vor äußeren Einflüssen und übermäßiger Verdunstung; trägt zur Stabilisierung der Pflanze bei; sorgt mit ihrem Wanddruck dafür, dass die Zelle nicht bis zum Platzen Wasser aufnehmen kann
	Zellkern (Nukleus)		enthält alle lebenden Zellbestandteile
	Plasma		Orte der Eiweißsynthese („Eiweißfabriken der Zelle")
	Endoplasmatisches Retikulum (glatte Form)		transportiert schädliche Stoffe aus dem Stoffwechsel durch das Plasma und sondert sie nach außen ab; transportiert Proteine zu den Zielorten; wirkt bei der Zellwandneubildung mit; ist an der Bildung und Absonderung von Drüsensekreten beteiligt
	Leukoplast		Träger von fettlöslichen Farbstoffen, die die rote und gelbe Färbung vieler Blüten, Früchte, Blätter und Wurzeln bewirken
	Golgi-Apparat		Energiegewinnung („Kraftwerke der Zelle"); in ihnen erfolgt die Atmung
	Golgi-Vesikel		enthält den Zellsaft („Zellsafträume"); Speicherung von Reservestoffen, wasserlöslichen Farbstoffen (bewirken die Färbung vieler Blüten, Früchte, Blätter und Wurzeln), Abfallprodukten (Exkreten), ätherischen Ölen und Alkaloiden
	Ergastoplasma (raue Form des endoplasmatischen Retikulums)		Schutz der Zelle vor schädlichen Stoffen aus dem Stoffwechsel; Zellwandneubildung; Bildung von Absonderungen von Drüsensekreten; Sortier- und Verteilungszentrum für Proteine
	Plasmahaut (Plasmamembran, Zellmembran)		Schaffung unterschiedlicher Reaktionsräume und Transportwege; Übertragung von Reizen

Name:	Klasse:	Datum:

2 **Worin unterscheidet sich die Plasmahaut von der Zellwand? Kreuzen Sie das Zutreffende an.**

	tot
	lebend
	halbdurchlässig, lässt nur das Wasser hindurchdiffundieren
	ganzdurchlässig, lässt Wasser und Nährstoffe hindurchdiffundieren
	omnipermeabel
	semipermeabel

3 **Durch welche Zellbestandteile unterscheiden sich pflanzliche Zellen von denen der Tiere oder des Menschen?**

____

____

4 **Im Gegensatz zu tierischen und menschlichen Zellen besitzen Pflanzenzellen Plastiden („Farbstoffträger"). Ergänzen Sie die unten stehende Tabelle.**

Setzen Sie die folgenden Begriffe in die entsprechenden Tabellenspalten ein:

Farbe: *grün* (1 ×), *blau* (1 ×), *rot* (2 ×), *gelb* (2 ×), *violett* (1 ×)

Löslichkeit: *wasserlöslich* (2 ×), *fettlöslich* (3 ×)

Ort: *Zellsaft in der Vakuole* (2 ×), *Chromoplasten* (2 ×), *Chloroplasten* (1 ×)

Farbstoff	Farbe	Löslichkeit	Ort
Chlorophyll			
Carotin			
Xanthophyll			
Anthocyane	____________ (im sauren Bereich) ____________ (im alkalischen Bereich) ____________ (im neutralen Bereich)		
Flavone			

Name:	Klasse:	Datum:

38–46

5 **Erklären Sie die vor dem Laubfall einsetzende Herbstfärbung der grünen Laubblätter vieler Gehölze.**

Beispiele für besonders reizvolle Herbstfärbungen von Gehölzen

____

____

____

6 **Die folgenden Laubgehölze weisen eine auffallende Herbstfärbung auf. Kreuzen Sie das Zutreffende an.**

Herbstfärbung →	**gelb**	**rot**	**orange**
Acer campestre			
Acer ginnala			
Acer negundo			
Acer palmatum			
Amelanchier lamarckii			
Ginkgo biloba			
Liquidambar styraciflua			
Liriodendron tulipifera			
Mahonia aquifolium			
Nothofagus antarctica			
Rhus typhina			

Name:	Klasse:	Datum:

Gewebearten

1 In der unten stehenden Tabelle finden Sie verschiedene Gewebearten. Leider sind die Aufgaben und Beispiele falsch zugeordnet.

a) Ordnen Sie zunächst die folgenden Gewebearten der jeweils richtigen Beschreibung ihrer Aufgaben in der Tabelle zu:

Abschlussgewebe – Absorptionsgewebe – Assimilationsgewebe – Ausscheidungsgewebe – Festigungsgewebe – Leitgewebe – Speichergewebe

b) Ordnen Sie nun den aufgeführten Beispielen in der rechten Tabellenspalte die Ziffer der dazugehörenden Gewebeart zu.

Nr.	Gewebeart	Aufgaben	Nr.	Beispiele
1		Ausscheidung von Stoffwechselprodukten, z. B. zur Anlockung und/oder Verdauung von Insekten; Guttation		Epidermis; Korkgewebe
2		Aufnahme von Wasser und Nährstoffen		Palisaden- und Schwammgewebe des Blattes
3		Schutz des Zellinhalts vor äußeren Einflüssen; Regulierung des Gasaustausches und der Transpiration		Nektarien; Drüsen auf Blättern von Insektivoren
4		Einlagerung von Reservestoffen (Stärke, Zucker, Fette, Eiweiße)		Epidermis der Wurzel (Rhizodermis)
5		Festigung des Pflanzenkörpers; verdickt Zellwände der einzelnen Zellen zusätzlich		Speicherorgane (z. B. Rübe, Knolle); Rindengewebe
6		Fotosynthese (Assimilation)		Xylem und Phloem
7		Leitung und Verteilung von Wasser, Nährstoffen und Assimilaten		Kollenchym und Sklerenchym

2 Was ist ein Gewebe?

____

____

Name:	Klasse:	Datum:

3 **Unterscheiden Sie Bildungsgewebe (*B*) und Dauergewebe (*D*). Ordnen Sie dazu die Buchstaben *B* oder *D* den Erklärungen in der Tabelle richtig zu.**

	bilden Vegetationspunkte und Kambien von Wurzel und Spross
	haben ihre Teilungsfähigkeit verloren
	bleiben zeitlebens teilungsfähig
	Zusammenschluss embryonaler Zellen
	Zusammenschluss ausdifferenzierter (spezialisierter) Zellen
	enthalten alle typischen Bestandteile einer Zelle

4 **Was wird als Kallus bezeichnet?**

5 **Wunden an Gehölzen stellen Eintrittspforten für holzzerstörende Pilze dar. Zum Schutz bilden Bäume bei Verletzungen im Gewebe eine Sperrzone, um die Ausbreitung von Krankheitserregern zu verhindern, und äußerlich Wundgewebe zur Schließung der Wunde.**

Wie sollte im dargestellten Fall (siehe Abbildung) die Schnittführung erfolgen, um die natürliche Schutzzone nicht zu durchbrechen? Begründen Sie Ihre Entscheidung.

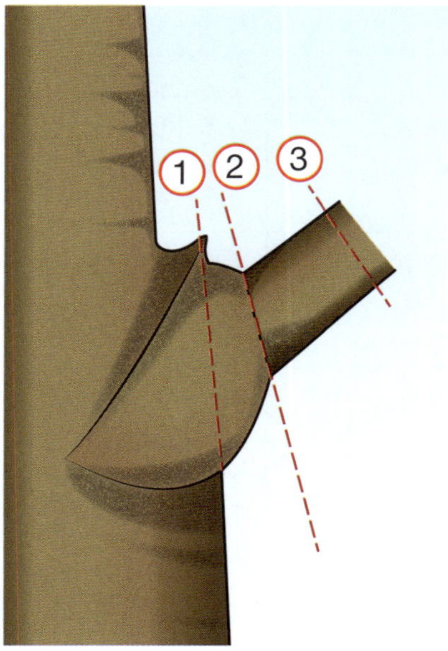

Name:	Klasse:	Datum:

Der innere Blattaufbau

1 **Die folgende Abbildung zeigt den inneren Aufbau eines Blattes. Benennen Sie in der unten stehenden Tabelle (siehe auch folgende Seite) die Bestandteile und nennen Sie deren jeweilige Aufgaben.**

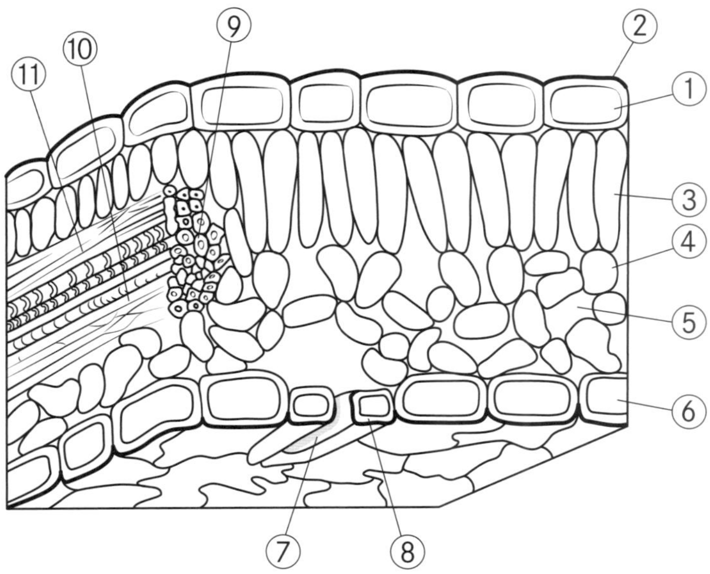

Nr.	Zellbestandteil	Aufgaben
1		
2		
3		
4		
5		

Name:	Klasse:	Datum:

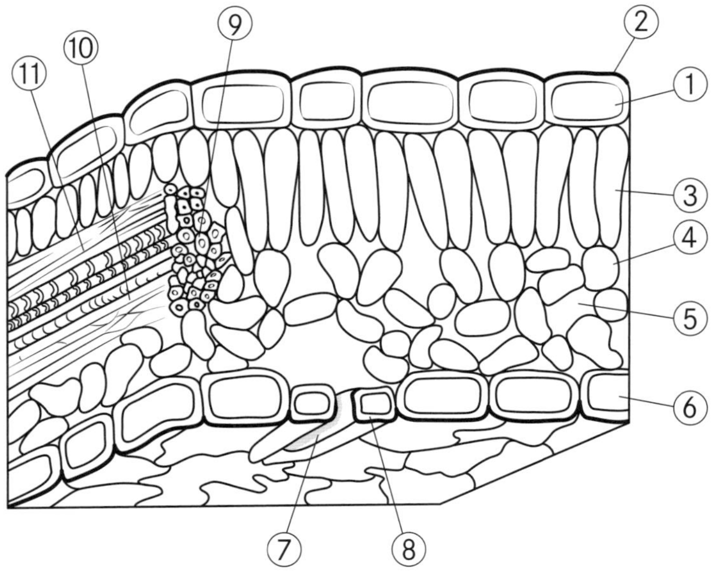

Nr.	Zellbestandteil	Aufgaben
6		
7		
8		
9		
10		
11		

Name:	Klasse:	Datum:

2 Vervollständigen Sie den Lückentext zum inneren Blattaufbau.

Das Blatt wird allseits von der meistens einschichtigen und farblosen ____________________ umgeben, deren einzelne Zellen miteinander ____________________ sind und so der Blattfläche eine zusätzliche ____________________ verleihen. Die Epidermis dient vor allem dem ______________________________ des Blattes. Zusätzlich produzieren die Zellen _______________, das nach außen abgegeben wird und das __________________ überzieht. Diese Kutinschicht, die als __________________ bezeichnet wird, reduziert die ________________________ zusätzlich. Häufig wird auch ________________ ausgeschieden, das auf der ____________________ einen abwischbaren Belag bildet. Die Epidermis auf der __________________________ ist von zahlreichen ________________________ (= Stomata) durchsetzt. Gebildet werden sie von jeweils zwei besonders gebauten Epidermiszellen, den ________________________. Das Blattinnere bildet ein chlorophyllhaltiges, also ________________ gefärbtes Gewebe, das ____________________. Es besteht aus dem oberen ________________________ und dem unteren ____________________________.
Das __________________________ besteht aus lang gestreckten, mehr oder weniger dicht nebeneinander und zur Blattfläche senkrecht stehenden Zellen. Da es der Hauptort der __________________________ ist, wird es auch als Assimilationsgewebe oder __________________________________ (Parenchym = Gewebe) bezeichnet. Die Zellen des __________________________________ sind locker aufgebaut und erinnern an den Aufbau eines ____________________________. Zwischen den Zellen befinden sich weite, lufterfüllte Zellzwischenräume, die sogenannten __________________________. Sie stehen untereinander und über die ______________________ mit der Außenluft in Verbindung. Die Interzellularen ermöglichen einen schnellen __________________________ und eine schnelle __________________________. Die Zellen des __________________________ enthalten ebenfalls ______________________, aber bedeutend weniger als das __________________________, sodass die Blattunterseite _____________________ aussieht als die ________________________.
Die im Blatt verlaufenden Leitbündel (= ______________________) versorgen die Zellen mit Wasser und ______________________ bzw. transportieren den bei der Fotosynthese produzierten __________________________ ab. Indem sie das Blatt in immer feineren Verzweigungen durchziehen, verleihen sie der Blattfläche die notwendige _____________________.

Name:	Klasse:	Datum:

3 **Die Lichtintensität beeinflusst den äußeren und inneren Blattaufbau. Entsprechend der unterschiedlichen Belichtung unterscheidet man bei den Blättern einer Baumkrone zwischen Sonnen- und Schattenblättern.**

Erklären Sie den unterschiedlichen äußeren und inneren Aufbau von Sonnen- und Schattenblättern.

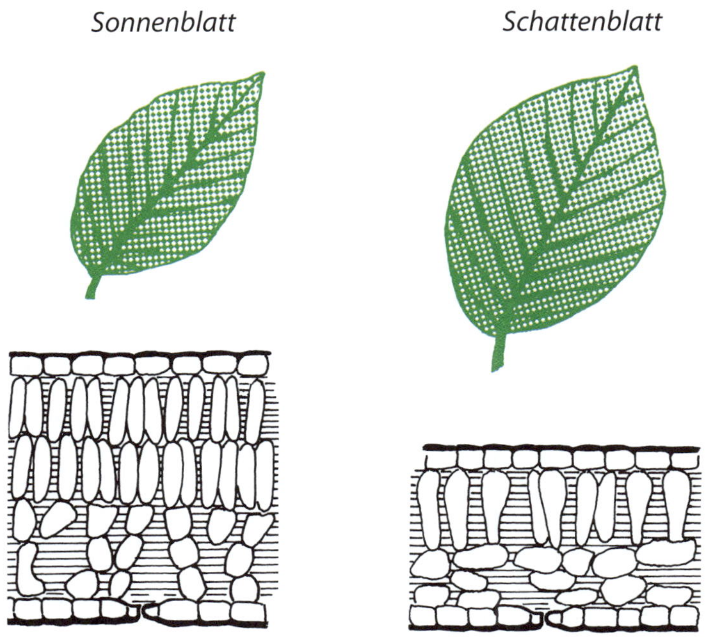

Name:	Klasse:	Datum:

4 **Was versteht man unter dem Lotus-Effekt und wie kommt er zustande?**

5 **Die folgende Abbildung zeigt den inneren Blattaufbau des Oleanders *(Nerium oleander)*. Welchen Aufschluss gibt der innere Blattaufbau über den heimatlichen Standort?**

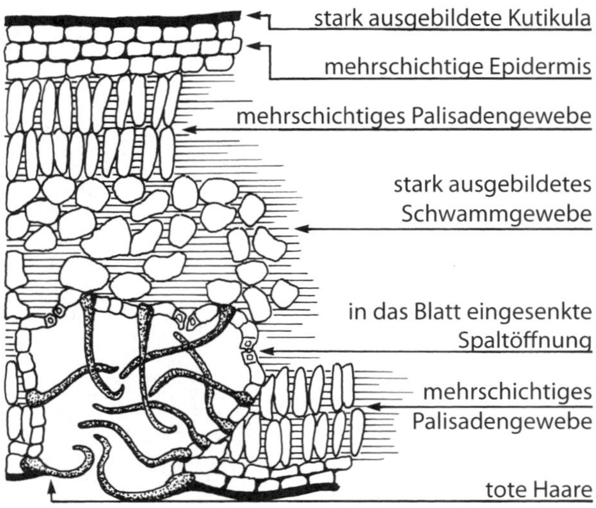

Name:	Klasse:	Datum:

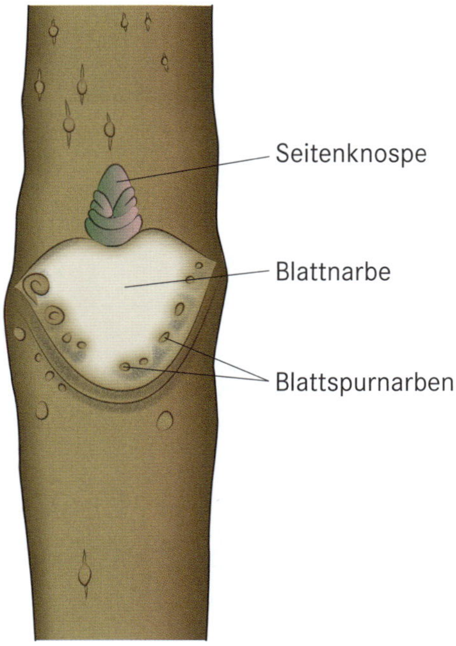

6 **Bevor das Blatt von der Sprossachse abgetrennt wird, wird bei Gehölzen an der Basis des Blattstiels eine Trennzone ausgebildet, die aus einer Trennschicht und einer Schutzschicht besteht. In der Trennschicht werden mithilfe von Enzymen die Zellwände abgebaut. Durch beide Schichten wird das Blatt vom Leitungssystem der Pflanze abgeschnitten, sodass es zum Blattfall kommt. Nach dem Blattfall werden die Schutzschicht als Blattnarbe, die unterbrochenen Leitbündel als Blattspurnarben (= Blattspuren) sichtbar (siehe Abbildung links). Da jede Pflanzenart spezifische Blattnarben aufweist, sind diese, neben Knospen und Rinden, ein wichtiges Bestimmungsmerkmal im Winter.**

Ordnen Sie den folgenden Abbildungen die zutreffenden Pflanzen zu:

Aesculus hippocastanum – Forsythia x intermedia – Fraxinus excelsior – Juglans regia – Staphylea colchica – Syringa vulgaris

	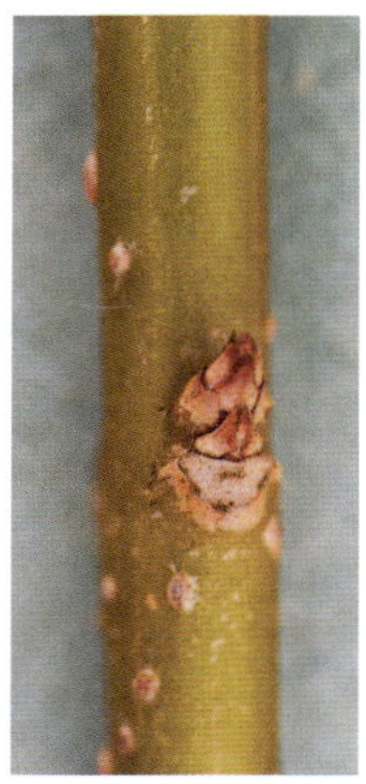	

Name:	Klasse:	Datum:

Der innere Aufbau der Sprossachse

1 **Die folgende Abbildung zeigt den inneren Aufbau der Sprossachse einer zweikeimblättrigen und einer einkeimblättrigen Pflanze.**

a) Benennen Sie in der unten stehenden Tabelle die nummerierten Bestandteile und nennen Sie deren jeweilige Aufgaben.

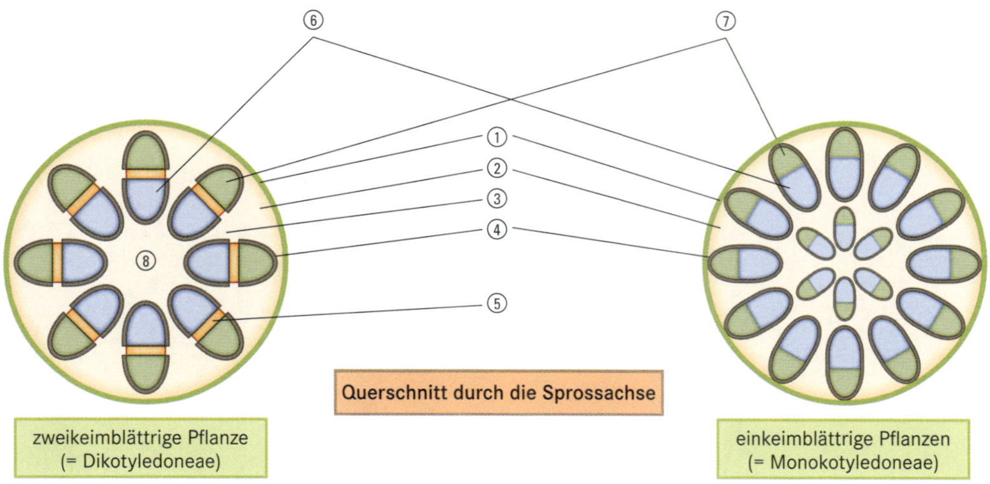

Nr.	Name	Aufgaben
1		
2		
3		
4		
5		
6		
7		
8		

Name:	Klasse:	Datum:

b) Worin unterscheiden sich ein- und zweikeimblättrige Pflanzen im inneren Aufbau?

	Einkeimblättrige Pflanzen	**Zweikeimblättrige Pflanzen**
Anordnung der Leitbündel		
Kambium		

2 **Die folgende Abbildung zeigt röhrenförmige Zellen zur Wasser-, Nährstoff- und Assimilateleitung.**

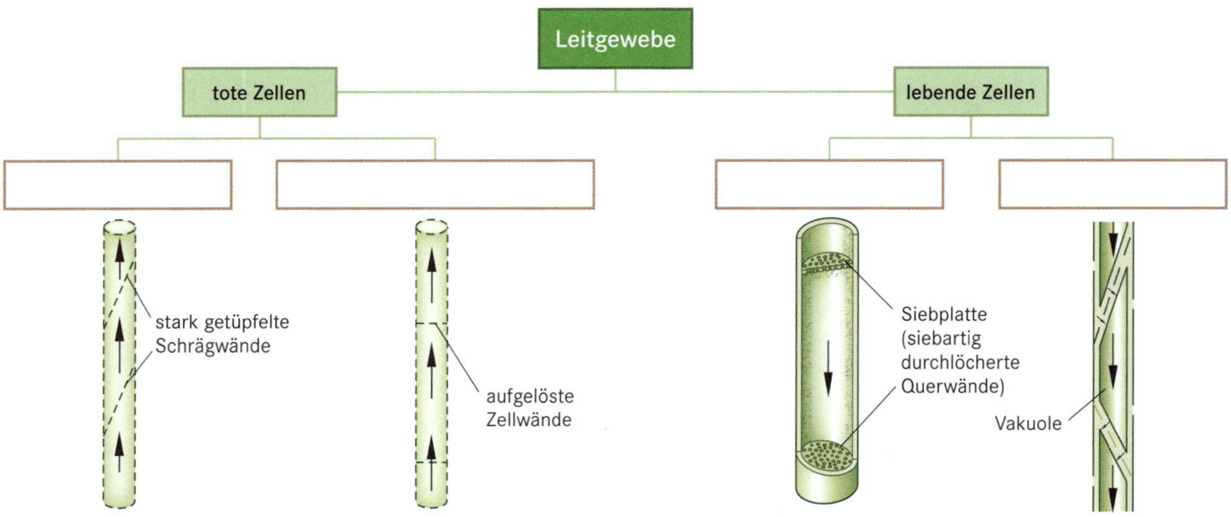

a) Ordnen Sie die folgenden Begriffe den richtigen Stellen in dem Schaubild oben zu:

Siebröhren – Siebzellen – Tracheen (= Gefäße) – Tracheiden

b) Welche der folgenden Beschreibungen treffen für Gefäße bzw. Siebröhren zu? Kreuzen Sie das Zutreffende an.

Beschreibung	**Gefäße**	**Siebröhren**
tote, langgestreckte Zellen		
lebende, langgestreckte Zellen		
Querwände sind teilweise aufgelöst, sodass sie lange zusammenhängende Röhren bilden		
ermöglichen eine schnelle Wasser- und Nährstoffleitung		
ermöglichen einen schnellen Assimilatetransport		
Weiterentwicklung der Tracheiden		
Querwände sind siebartig durchlöchert		
Weiterentwicklung der Siebzellen		

Name:	Klasse:	Datum:

Der innere Wurzelaufbau

1 **Die folgende Abbildung zeigt den inneren Aufbau der Wurzel. Benennen Sie in der unten stehenden Tabelle die nummerierten Wurzelbestandteile und nennen Sie deren jeweilige Aufgaben.**

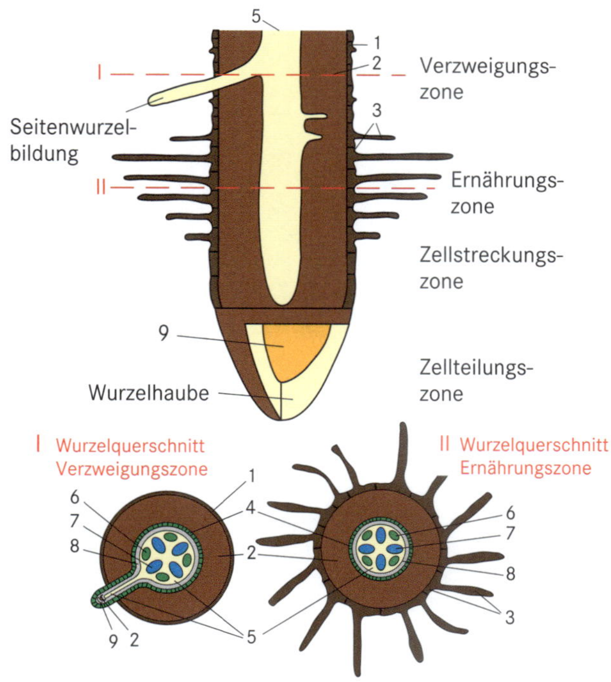

Nr.	Bezeichnung	Aufgaben
1		
2		
3		
4		
5		
6		
7		
8		
9		

Name:	Klasse:	Datum:

2 **Lösen Sie das Kreuzworträtsel zum inneren Aufbau der Wurzel. Umlaute werden getrennt geschrieben (z. B. Ä = AE), ß wird als SS geschrieben.**

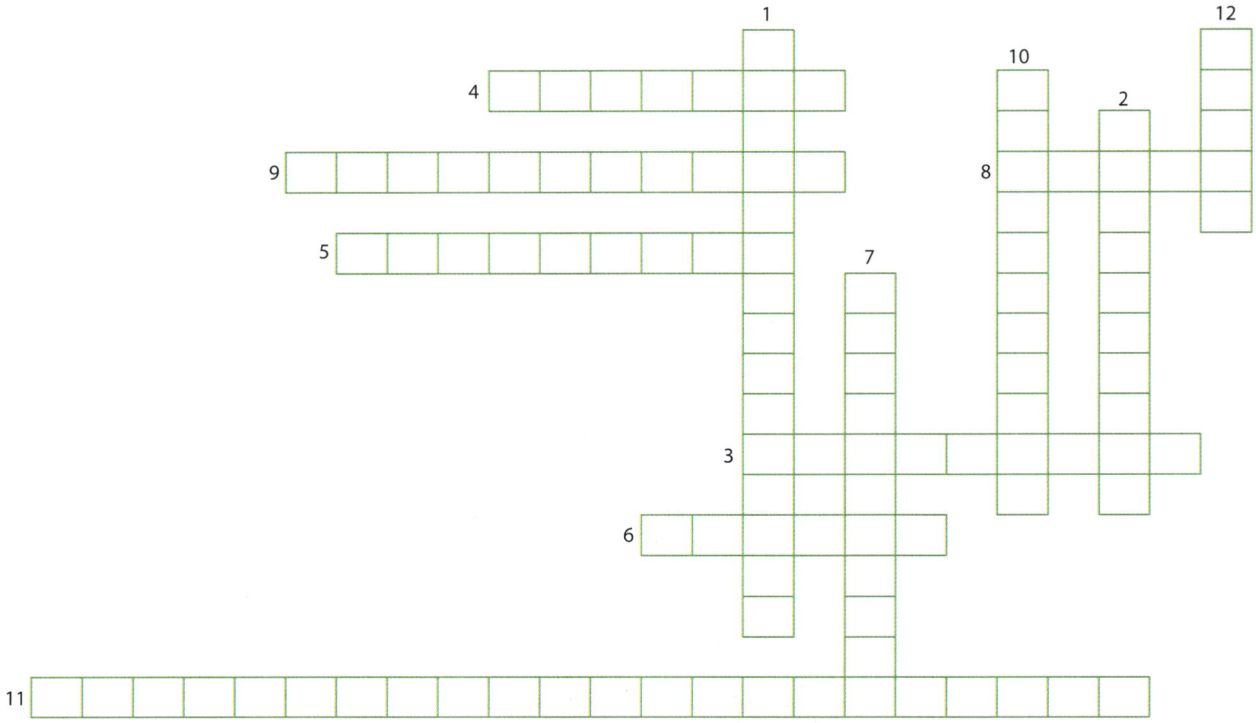

1.	wasserdurchlässige Zellen in einem ansonsten wasserundurchlässigen Gewebe, z. B. Endodermis und Exodermis
2.	innerste Zellschicht der Rinde, deren Zellen das aufgenommene Wasser in den Zentralzylinder pressen
3.	sekundäres, verkorktes Abschlussgewebe der Wurzel; tritt an die Stelle der Rhizodermis nach ihrem Absterben
4.	teilungsfähiges Gewebe
5.	äußerste Schicht des Zentralzylinders; es handelt sich dabei um ein Kabium, das für die Bildung der Seitenwurzeln und das Dickenwachstum der Wurzel verantwortlich ist
6.	Leitbündel zur Leitung von Assimilaten
7.	Epidermis der Wurzel
8.	mehrschichtiges Gewebe, dient vor allem der Speicherung von Reservestoffen
9.	Vorgang, bei dem die an den wasserleitenden Gefäßen angrenzenden Endodermiszellen das Wasser aktiv in den Zentralzylinder pressen
10.	Ausstülpungen der Epidermiszellen der Wurzel zur Vergrößerung der Wasser und Nährstoff aufnehmenden Oberfläche
11.	teilungsfähiges Gewebe der Wurzelspitze
12.	Leitbündel zur Leitung von Wasser und darin gelösten Nährsalzen

Name:	Klasse:	Datum:

Ernährungsweisen

1 Ordnen Sie die folgenden Begriffe den Beschreibungen in dem Schaubild zu:

Autotrophe Lebewesen – Ektoparasiten – Endoparasiten – Fakultative Parasiten – Halbparasiten (Halbschmarotzer) – Heterotrophe Lebewesen – Obligate Parasiten – Parasiten (Schmarotzer) – Saprophyten (Fäulnisbewohner) – Symbionten – Vollparasiten (Vollschmarotzer)

Ernährungsweisen

____
Grüne Pflanzen, die die zum Leben notwendigen organischen Stoffe (z. B. Assimilate) mithilfe der Fotosynthese selbst herstellen können.

____
Da sie kein Chlorophyll besitzen, können sie keine Fotosynthese betreiben. Sie sind auf die Zufuhr von organischer Substanz angewiesen.

____
Leben von toter organischer Substanz, wie z. B. der Champignon und andere zersetzende Pilze und Bakterien.

____
Sie leben zum Schaden anderer Lebewesen (Wirte).

____
Dies sind grüne Pflanzen, die Fotosynthese betreiben, Wasser und Nährstoffe aber ihren Wirten entziehen, wie die Mistel.

____
Sie entziehen dem Wirt vollständig alle benötigten organischen (Assimilate) und anorganischen Stoffe (Wasser und Nährstoffe).

____
Leben gewöhnlich saprophytisch, können aber bei günstiger Gelegenheit zum Parasitismus übergehen (z. B. Grauschimmel).

____
Können nur als Parasiten leben, wie die Europäische Seide (Cuscuta europaea) und die Mehltau- und Rostpilze.

____
Leben außen auf dem Wirt (z. B. der Echte Mehltau und die Europäische Seide).

____
Leben im Wirt (z. B. der Falsche Mehltau und die Rostpilze).

____
Zwei artverschiedene Lebewesen leben zum gegenseitigen Nutzen in einer Lebensgemeinschaft (Symbiose).

Name:	Klasse:	Datum:

2 **Wovon profitieren in den dargestellten Symbiosen die jeweiligen Partner? Ordnen Sie die folgenden Begriffe zu:**

Assimilate (3 ×) – *Bestäubung* (1 ×) – *H_2O + Nährstoffe* (2 ×) – *Honigtau* (1 ×) – *N_2* (1 ×) – *Pollen + Nektar* (1 ×) – *Schutz vor Feinden* (1 ×)

Flechten ____________________ Alge (grün) ⇄ Pilz ____________________	____________________ Blütenpflanzen ⇄ Bienen ____________________
____________________ Leguminosen (Schmetterlingsblütler) ⇄ Knöllchenbakterien ____________________	____________________ Blattläuse ⇄ Ameisen ____________________
Mykorrhiza (Pilzwurzel) ____________________ Baum (z. B. Buche) ⇄ Pilz (z. B. Steinpilz) ____________________	

3 **Welche Ernährungsweisen treffen für die folgenden Lebewesen zu? Kreuzen Sie das Zutreffende an.**

Lebewesen	Ernährungsweisen				
	autotroph	heterotroph	parasitisch	saprophytisch	symbiontisch
Sonnenblume					
Champignon					
Mistel					
Grauschimmel					
Mehltaupilz					
Rostpilz					
Tetanuserreger					
Tulpe					
Erbse					
Lupine					
Mensch					

Name:	Klasse:	Datum:

Fotosynthese (Assimilation)

1 Die grünen Blätter der Pflanze sind mit Zuckerfabriken zu vergleichen.

a) Ordnen Sie die folgenden Begriffe den richtigen Stellen in der Abbildung zu:

Chlorophyll – Kohlendioxid – Lichtenergie – Sauerstoff – Traubenzucker – Wasser

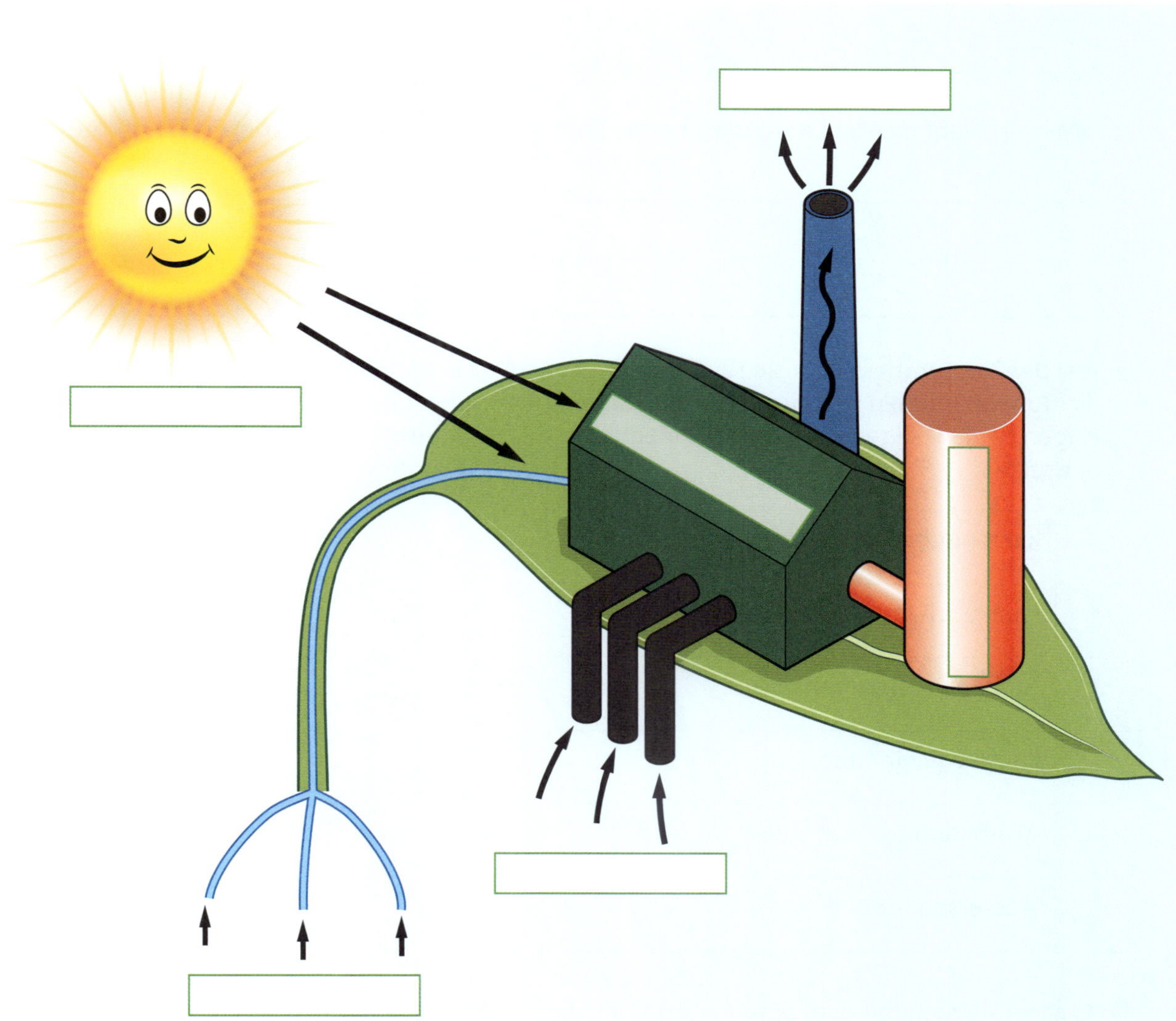

b) Beschreiben Sie anhand der Abbildung die Fotosynthese.

Name:	Klasse:	Datum:

c) Der Ablauf der Fotosynthese lässt sich auch in Form einer Fotosynthesegleichung darstellen. Erstellen Sie die Gleichung (!), indem Sie die folgenden „Bausteine" richtig zusammenstellen.

$C_6H_{12}O_6$ – 6 CO_2 – 6 H_2O – 6 O_2 – 12 H_2O – Chlorophyll – Lichtenergie 2872 kJ

d) Was geschieht mit der Strahlungsenergie der Sonne (Lichtenergie) bei der Fotosynthese?

e) Bei der Fotosynthese lässt sich zwischen einer lichtabhängigen Reaktion (Lichtreaktion) und einer lichtunabhängigen Reaktion (Dunkelreaktion) unterscheiden. Ordnen Sie die folgenden Aussagen der jeweiligen Reaktion zu, indem Sie ein ***L*** für Lichtreaktion und ein ***D*** für Dunkelreaktion einsetzen.

	kann nur bei Licht ablaufen
	kann auch im Dunkeln ablaufen
	Aufbau von Traubenzucker
	Energiegewinnung
	ATP-Bildung
	Wasserspaltung

f) Gärtner werben mit dem Spruch „Grün ist Leben". Erklären Sie dies.

Name:	Klasse:	Datum:

2 **Das Schaubild unten zeigt die Pflanze als Nahrungsmittelproduzent. Aus welchen Pflanzenteilen entstehen die dargestellten Lebensmittel? Ordnen Sie die folgenden Begriffe den entsprechenden Stellen in dem Schaubild zu:**

Blatt – Blattstiel – Blüte – Frucht – Knospe – Samen – Stängel – Stängel + Blatt – Stängel + Wurzel – Wurzel

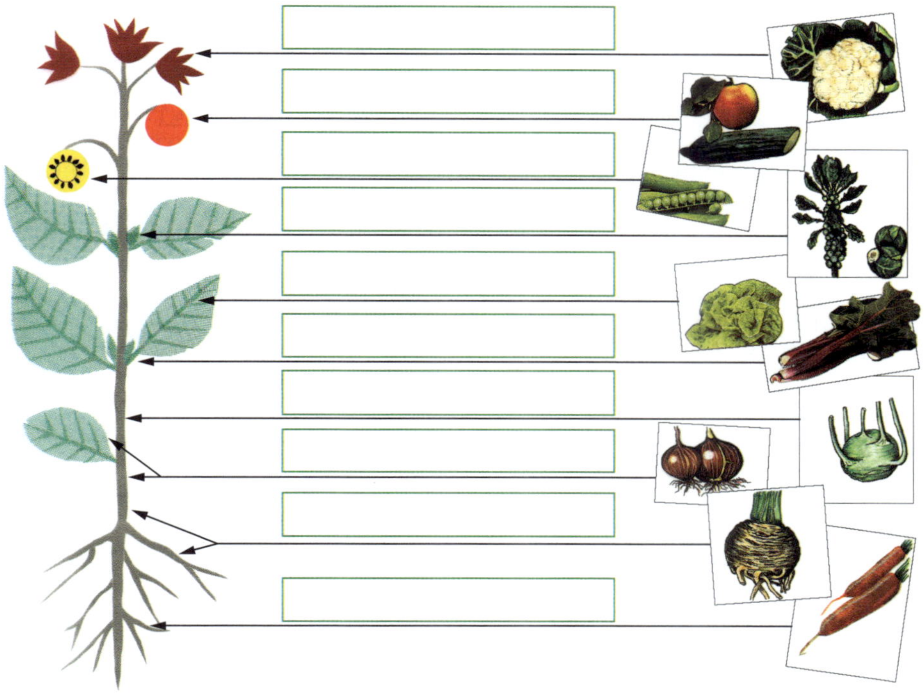

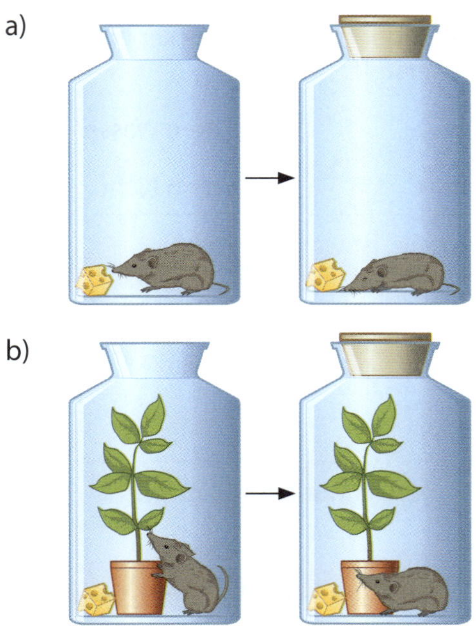

3 **Vor vielen Jahren führte ein Wissenschaftler folgenden Versuch durch:**
Er setzte in zwei Gläser jeweils eine Maus mit einem Stück Käse. In das zweite Glas stellte er zusätzlich eine Pflanze. Danach schloss er beide Gläser luftdicht ab. Die Maus im ersten Glas war bald verstorben, während die Maus im zweiten Glas überlebte. Begründen Sie dies.

a) ______________________________

____

____

____

b) ______________________________

____

____

____

Name:	Klasse:	Datum:

4 Quiz zur Fotosynthese. Kreuzen Sie das Zutreffende an.

1. Ein anderes Wort für Fotosynthese.
- ☐ Atmung
- ☐ Dissimilation
- ☐ Assimilation
- ☐ Plasmolyse

2. Wofür steht die Bezeichnung Glucose?
- ☐ Cellulose
- ☐ Lignin
- ☐ Stärke
- ☐ Traubenzucker

3. Woher stammt der Sauerstoff, der bei der Fotosynthese nach außen abgegeben wird?
- ☐ $C_6H_{12}O_6$
- ☐ H_2O
- ☐ CO_2
- ☐ $C_6H_{10}O_5$

4. Welche Lichtstrahlung benutzt die Pflanze vor allem zur Fotosynthese?
- ☐ rotorange
- ☐ gelbgrüne
- ☐ blauviolette
- ☐ infrarote

5. In was wird der bei der Fotosynthese produzierte Traubenzucker sofort umgewandelt?
- ☐ Assimilationsstärke
- ☐ Glucose
- ☐ Reservestärke
- ☐ Zucker

6. Was ist Lichtstrahlung?
- ☐ UV-Strahlung
- ☐ Wärmestrahlung
- ☐ der unsichtbare Teil der Sonnenstrahlung
- ☐ der sichtbare Teil der Sonnenstrahlung

7. Welcher der folgenden Vorgänge kann auch im Dunkeln ablaufen?
- ☐ Energiegewinnung durch Chlorophyll
- ☐ Traubenzuckeraufbau
- ☐ Wasserspaltung
- ☐ Fotosynthese

8. Welches Licht fördert die Assimilation?
- ☐ fotoperiodisches Licht
- ☐ infrarotes Licht
- ☐ fotosynthetisches Licht
- ☐ UV-Licht

9. Wie werden die Spektralfarben des Lichts auch bezeichnet?
- ☐ Wolkenfarben
- ☐ Sonnenfarben
- ☐ Regenbogenfarben
- ☐ Schattenfarben

10. In welcher Form nimmt die Pflanze den Kohlenstoff auf?
- ☐ Kohlenstoffmonoxid
- ☐ Kohlensäure
- ☐ Kohlenwasserstoff
- ☐ Kohlendioxid

11. Woher stammt die Energie, die die Pflanze zum Aufbau von Traubenzucker benötigt?
- ☐ radioaktive Strahlung
- ☐ Lichtstrahlung
- ☐ infrarote Strahlung
- ☐ Wärmestrahlung

12. Woher stammt der im Traubenzucker enthaltene Wasserstoff?
- ☐ aus der Luft
- ☐ aus dem Wasser
- ☐ von der Sonne
- ☐ aus dem Licht

13. Welches Produkt ist wasserlöslich?
- ☐ Assimilationsstärke
- ☐ Reservestärke
- ☐ Traubenzucker
- ☐ Proteine

14. Eine andere Bezeichnung für Blattgrün.
- ☐ Carotin
- ☐ Xanthophyll
- ☐ Chloroplasten
- ☐ Chlorophyll

Name:	Klasse:	Datum:

Kreuzworträtsel Fotosynthese

Atmung (Dissimilation)

1 **Beschreiben Sie die Atmung anhand der folgenden Abbildung.**

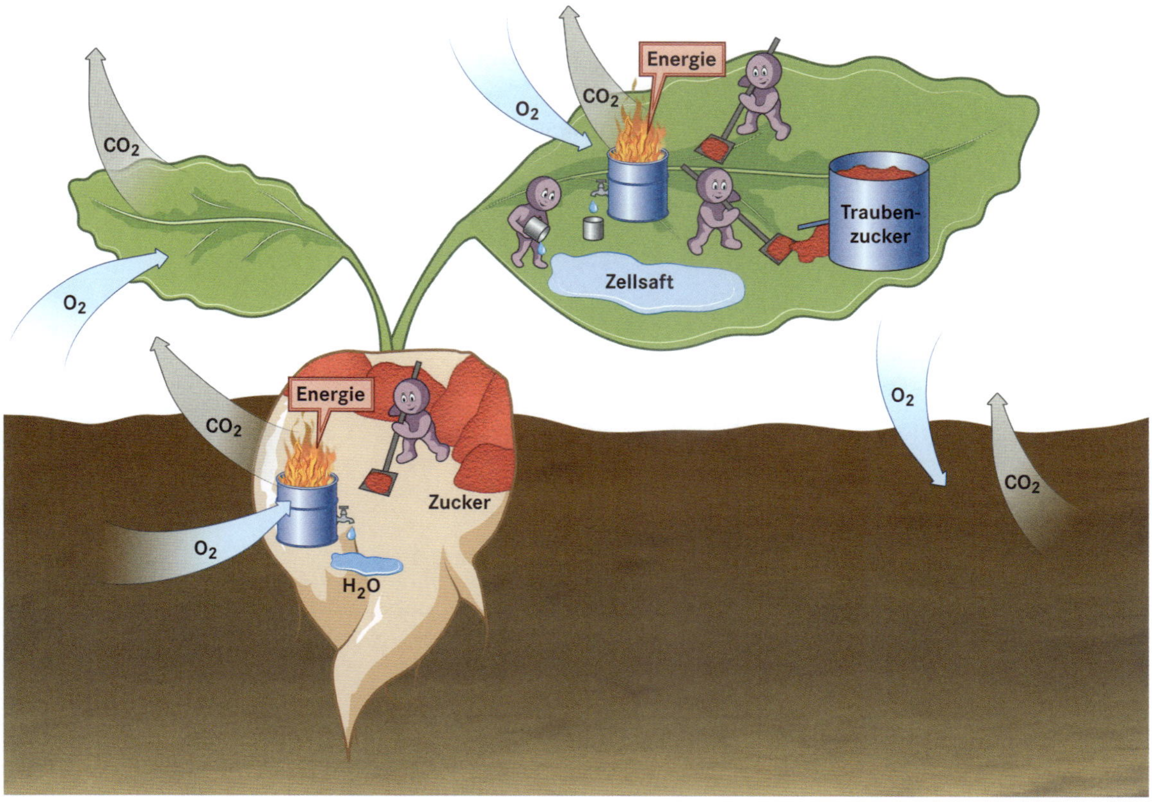

____

____

____

2 **Bei der Atmung erfolgt der umgekehrte Vorgang wie bei der Fotosynthese. Erstellen Sie die Atmungsgleichung, indem Sie die folgenden „Bausteine" richtig zusammenstellen.**

$C_6H_{12}O_6$ – 6 CO_2 – 6 H_2O – 6 O_2 – Energie 2872 kJ – Enzyme

3 **Frühblüher können sich durch den Schnee schmelzen. Wie ist das zu erklären?**

____

____

Name:	Klasse:	Datum:

4 **Wodurch entstehen die hohen Temperaturen von 70 °C und mehr in einem Komposthaufen?**

____

____

5 **Unterscheiden Sie Fotosynthese und Atmung. Kreuzen Sie das Zutreffende an.**

Sachverhalt	Fotosynthese (Assimilation)	Atmung (Dissimilation)
nur in grünen Pflanzenteilen		
in allen lebenden Pflanzenteilen		
Abgabe von Kohlendioxid		
Aufnahme von Kohlendioxid		
in den Chloroplasten		
in den Mitochondrien		
Stoffaufbau		
Stoffabbau		
nur bei Licht (Tag)		
Tag und Nacht		
Speicherung von Sonnenenergie		
Freisetzung von Sonnenenergie		
Aufnahme von Sauerstoff		
Abgabe von Sauerstoff		

6 **Erklären Sie die Ergebnisse der folgenden Versuche.**

a)

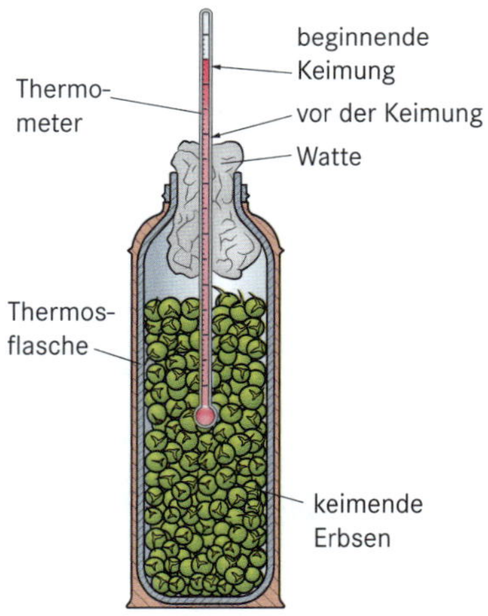

Beginnen die Samen zu keimen, steigt die Temperatur.

b)

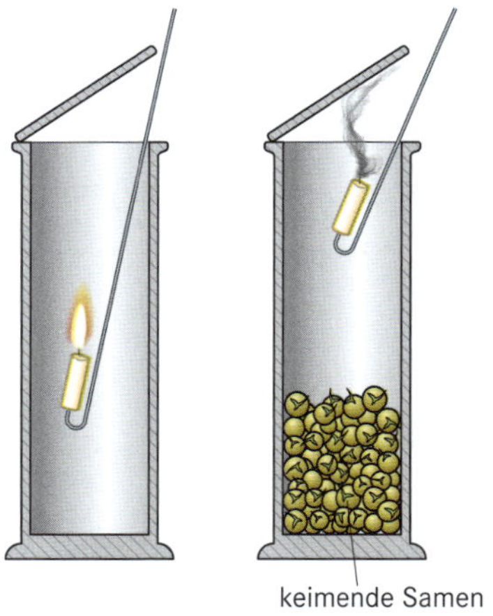

Im leeren Gefäß brennt die Kerze weiter, im Gefäß mit keimenden Samen erlischt sie.

a) ____

____

____

____

____

b) ____

____

____

____

____

Name:	Klasse:	Datum:

Fotosynthese und Atmung im Zusammenspiel

1 **Fotosynthese und Atmung sind, wie alle Lebensvorgänge, chemische Reaktionen und werden daher in ihrer Geschwindigkeit von der Temperatur beeinflusst.**

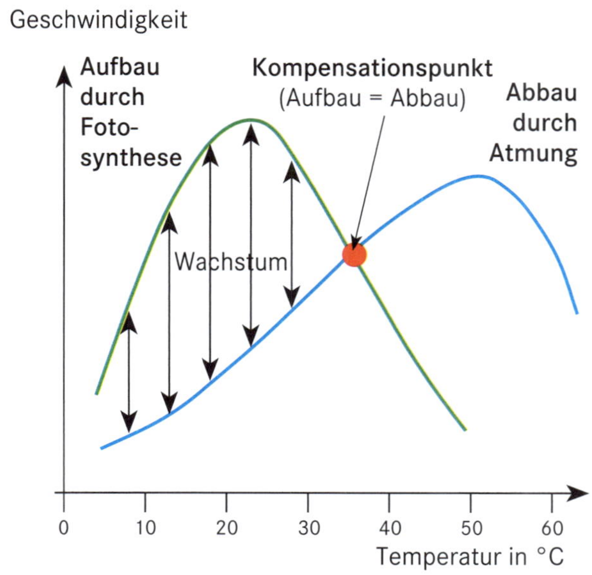

a) Beschreiben Sie anhand der Abbildung oben den Einfluss ansteigender Temperatur auf Fotosynthese und Atmung.

____

____

____

____

____

____

b) Erklären Sie, warum es für das Wachstum der Pflanzen von entscheidender Bedeutung ist, dass Fotosynthese und Atmung durch steigende Temperaturen unterschiedlich beeinflusst werden.

____

____

____

____

____

____

Name:	Klasse:	Datum:

c) Warum findet am Kompensationspunkt kein Wachstum statt?

d) Warum wirkt eine Temperaturabsenkung, z. B. im Gewächshaus, über Nacht bzw. in der lichtarmen Jahreszeit, positiv auf das Wachstum der Pflanzen?

e) Nach dem Lichtbedürfnis kann zwischen Schatten-, Halbschatten- und Sonnenpflanzen unterschieden werden. Erklären Sie, warum Schattenpflanzen bereits bei relativ wenig Licht leben können.

f) Aus den Früchten der Schlehe wird Likör und Schnaps hergestellt. Dazu sammelt man die Früchte nach den ersten Frösten, wenn sie milder und süßlicher schmecken. Vorher sind sie aufgrund ihres herben Geschmacks kaum zu genießen. Wie erklärt sich diese Veränderung im Geschmack?

Name:	Klasse:	Datum:

2 Erklären Sie die unterschiedlichen Ergebnisse bei der Tomatenkultur.

a)

b)

a) ______________________________

____

____

____

b) ______________________________

____

____

____

c)

d)

c) ______________________________

____

____

____

____

d) ______________________________

____

____

e)

f)

e) ______________________________

____

____

____

____

f) ______________________________

____

____

Name:	Klasse:	Datum:

3 Lichtintensität, CO_2-Konzentration der Luft, Wasserverfügbarkeit und Temperatur beeinflussen den Ablauf der Fotosynthese.

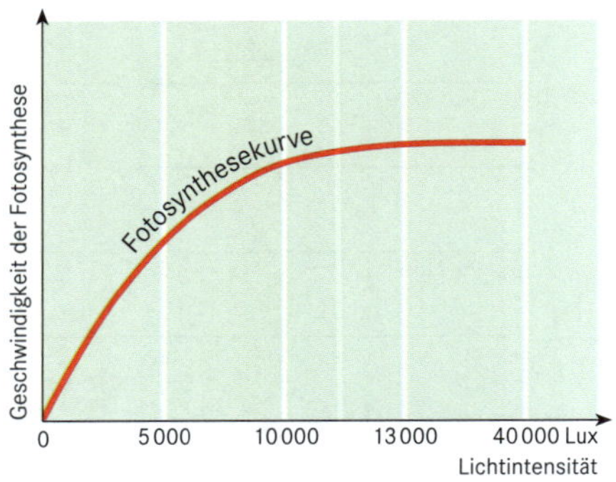

a) Beschreiben Sie den Einfluss steigender Lichtintensität.

___

___

___

___

___

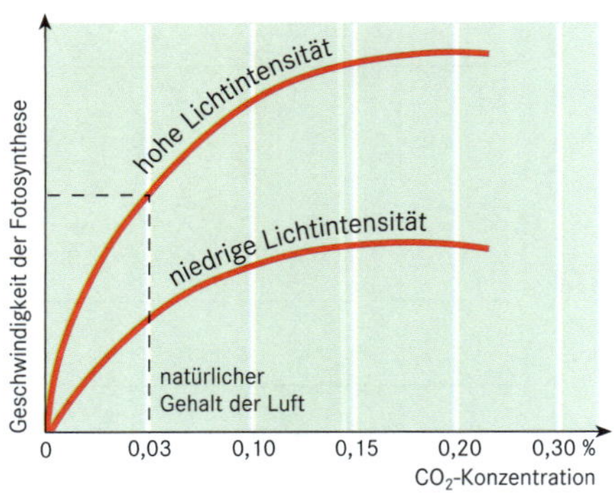

b) Erklären Sie den Einfluss steigender CO_2-Gehalte der Luft bei unterschiedlicher Lichtintensität.

___

___

___

___

___

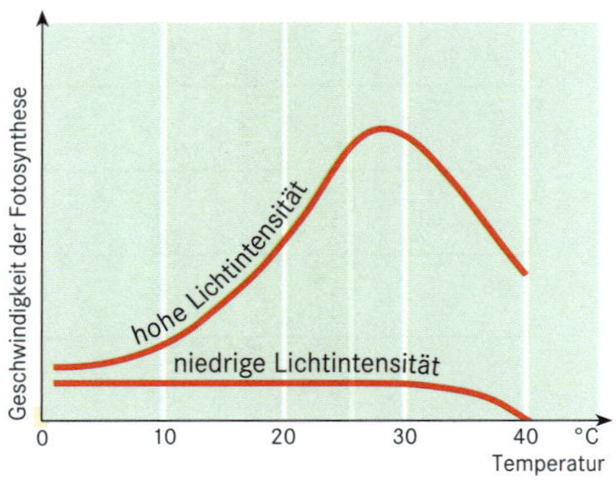

c) Erklären Sie den Einfluss steigender Temperatur bei unterschiedlicher Lichtintensität.

___

___

___

___

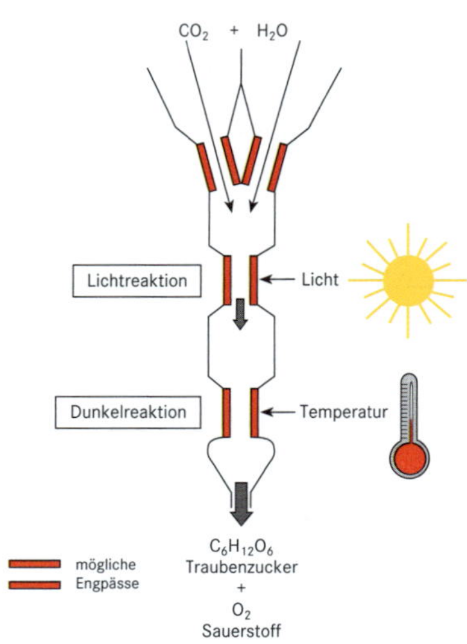

d) Erklären Sie das Zusammenspiel der Wachstumsfaktoren Wasser, Kohlendioxid, Licht und Temperatur.

___

___

___

___

___

___

___

Name:	Klasse:	Datum:

Der Wasserhaushalt der Pflanzen

1 Wozu benötigt die Pflanze Wasser?

___

___

___

___

___

2 Versuchsanordnung: Zwischen zwei mit Wasser gefüllten Gefäßen (Abbildung links) befindet sich eine durchlässige Wand. In das eine Gefäß werden viele Nährstoffe gegeben, in das andere nur wenige. Die Folge, wir haben zwei unterschiedlich konzentrierte Lösungen.

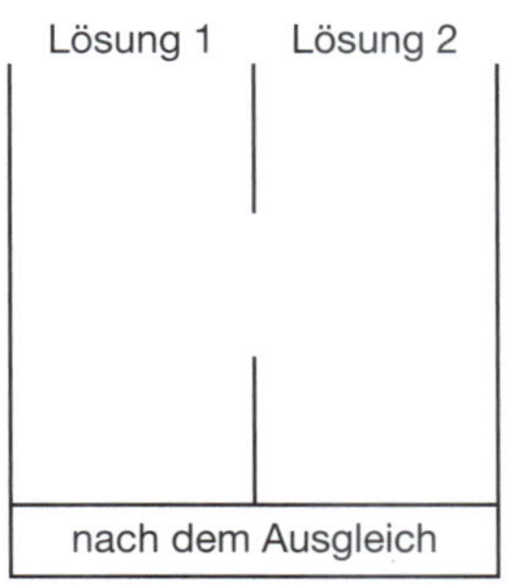

a) Welche Lösung ist höher konzentriert?

___

___

b) Zwei unterschiedlich konzentrierte Lösungen, die miteinander in Verbindung stehen, haben das Bestreben sich auszugleichen. Beschreiben Sie, wie der Konzentrationsausgleich erfolgt und ergänzen Sie die rechte Abbildung entsprechend.

___

___

___

___

c) Wie bezeichnet man den selbstständig erfolgenden Konzentrationsausgleich zwischen zwei unterschiedlich konzentrierten Lösungen?

___

___

Name:	Klasse:	Datum:

47–82

3 **Versuchsanordnung: Zwischen zwei unterschiedlich konzentrierten Lösungen (Abbildung links) befindet sich eine halbdurchlässige (semipermeable) Membran, die nur das Wasser hindurchdiffundieren lässt. Ergänzen Sie in der rechten Abbildung, wie sich die Situation nach dem Konzentrationsausgleich darstellt.**

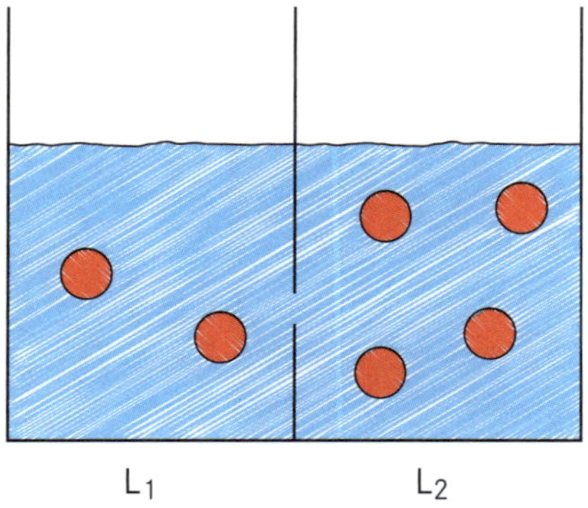

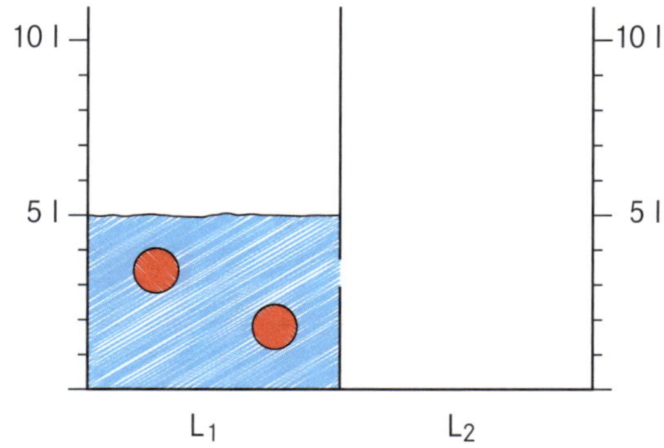

4 **Erklären Sie die folgende Abbildung.**

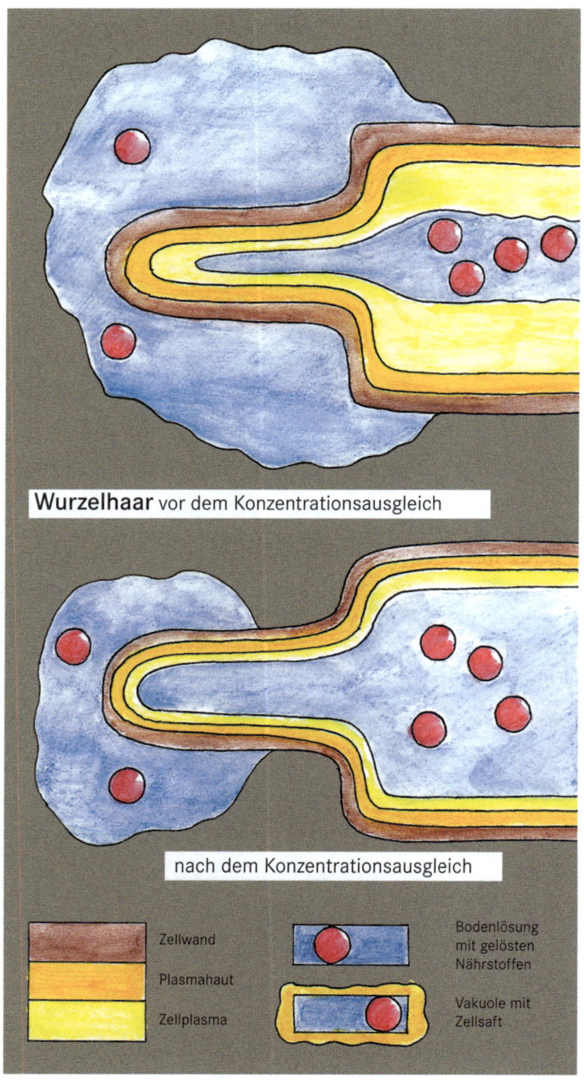

Name:	Klasse:	Datum:

5 **Wie nennt man den Vorgang, durch den die Pflanzen Wasser aufnehmen können?**

____

____

6 **Vervollständigen Sie den Lückentext, indem Sie die folgenden Begriffe einsetzen:**

Diffusion – halbdurchlässige – höher – Membran – niedriger – Osmose – Wasser

Unter ______________ versteht man die ______________ von ______________

durch eine ______________ (semipermeable) ______________ von der

______________ konzentrierten zur ______________ konzentrierten Lösung.

7 **Welche Voraussetzungen müssen für den Wassertransport durch Osmose gegeben sein?**

____

____

____

____

____

8 **Infolge einer Überdüngung beginnen die Pflanzen zu welken.**

a) Erklären Sie dies.

____

____

____

____

____

b) Was ist zu tun? Begründen Sie Ihre Maßnahme.

____

____

____

____

____

____

Name:	Klasse:	Datum:

9 **Das Schaubild unten zeigt den Weg, den das Wasser durch die Pflanze nimmt.**

a) Ordnen Sie die folgenden Begriffe den entsprechenden Stellen in dem Schaubild zu:

Adhäsion – Endodermis – Guttation – Kapillarität – Kohäsion – kutikuläre Transpiration – Osmose (3 ×) *– stomatäre Transpiration – Wasserabgabe – Wasseraufnahme – Wasserleitung – Wurzeldruck*

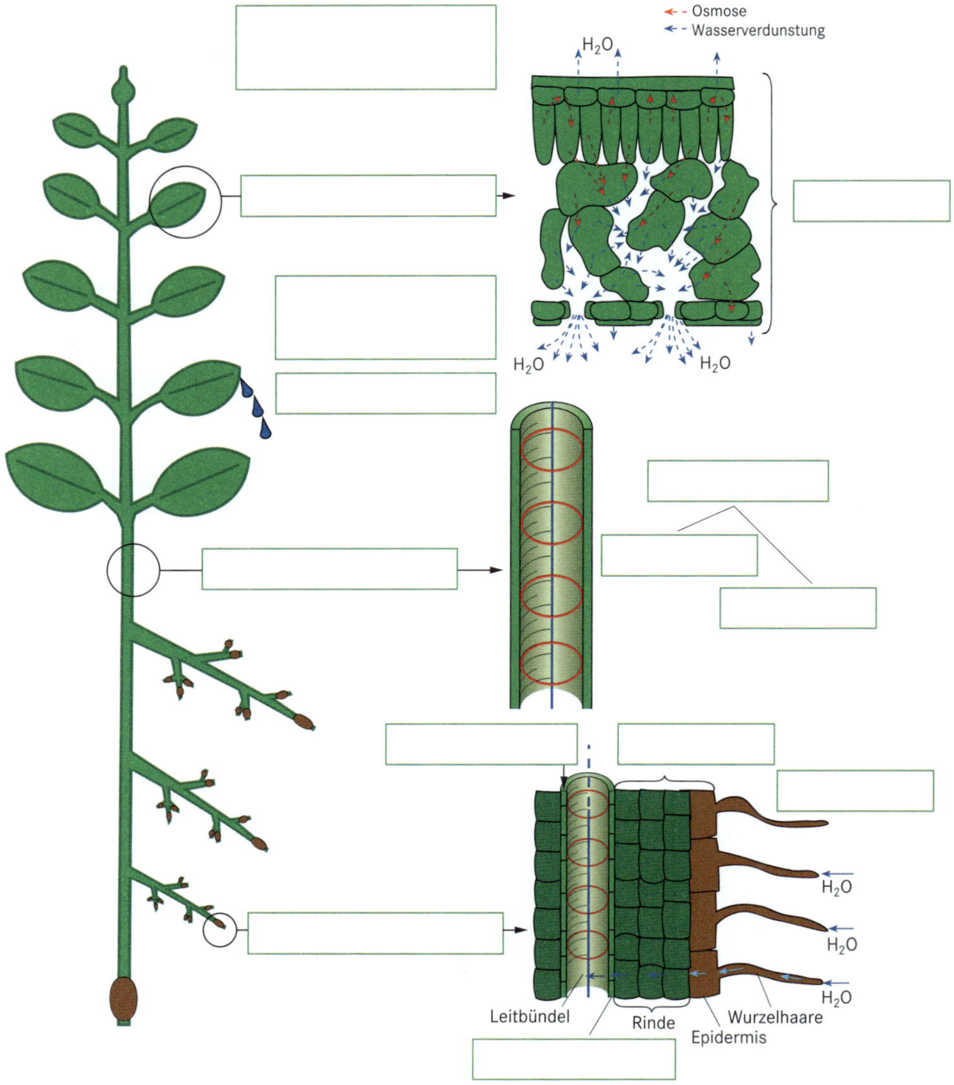

b) Vervollständigen Sie den Lückentext.

Das Wasser wird von den ______________ durch ______________ aufgenommen. Über die Zellen der Epidermis und die Rinde gelangt das Wasser in die ______________________, die das Wasser aktiv in die ________________ der Wurzel pressen. Hier bewirken, neben dem Sog durch ________________, vor allem die __________________ der Gefäße das Aufsteigen des Wassers. In den Blättern erfolgt die Wasserleitung von Zelle zu Zelle ebenfalls über ___________. Die Wasserabgabe (= __________________) erfolgt in Form von __________________ über die ____________________ ins Freie.

Name:	Klasse:	Datum:

10 **Welche Kräfte bewirken die Wasserleitung von der Wurzel bis in die höchsten Wipfel der Bäume?**

11 **Die Abbildung unten zeigt den Aufbau einer Spaltöffnung.**

a) Ordnen Sie die folgenden Begriffe den richtigen Stellen in der Abbildung zu:

Bauchwand – Chloroplasten – Rückwand – Schließzelle – Spaltöffnung – Vakuole – Zellkern

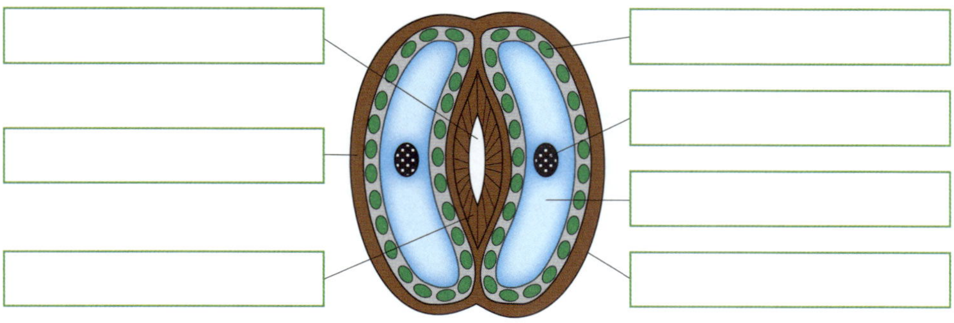

b) Das Öffnen und Schließen der Spaltöffnung steuert die Pflanze über die Veränderung des Turgordrucks in den Schließzellen. Erklären Sie anhand der Abbildung oben, warum sich die Spaltöffnung mit zunehmendem Turgordruck öffnet und mit sinkendem schließt.

Name:	Klasse:	Datum:

47–82

12 **Über 90 % der Wasserverdunstung erfolgt über die Spaltöffnungen. Dabei ist die Höhe der Transpiration von verschiedenen Faktoren abhängig. Ordnen Sie die drei Versuchsanordnungen (a bis c) nach der Höhe der Transpiration (1 = am höchsten), indem Sie die Abbildungen entsprechend nummerieren. Begründen Sie Ihre Auswahl.**

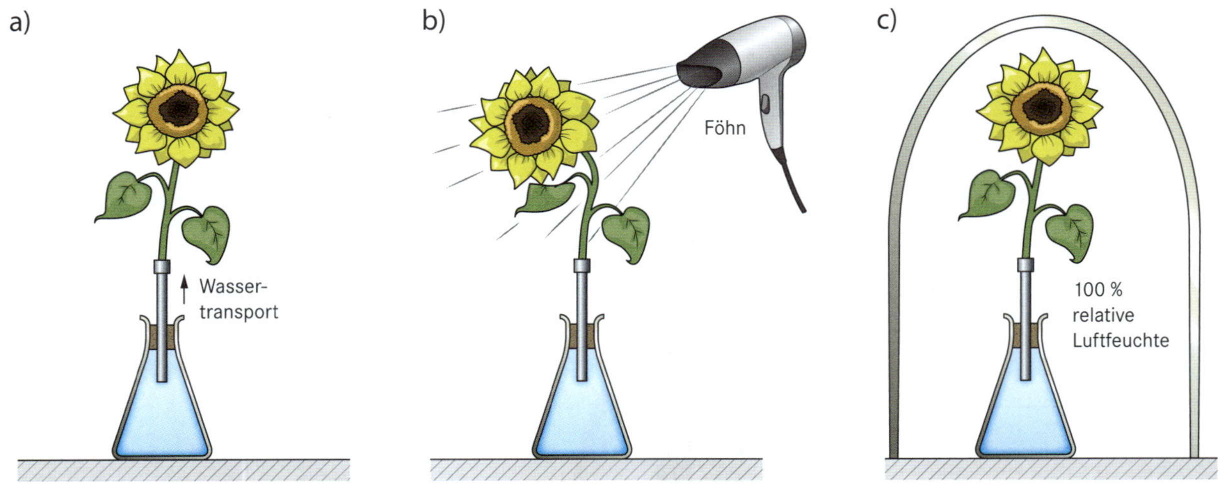

Name:	Klasse:	Datum:

13 **Die folgende Abbildung zeigt Guttationstropfen an einem Blatt des Frauenmantel *(Alchemilla mollis)*.**

a) Was versteht man unter Guttation?

____

____

b) Welche Bedeutung hat die Guttation für die Pflanze?

____

____

____

c) Warum können nur bewurzelte Pflanzen guttieren?

____

____

14 **Erklären Sie, wie es zur Verdunstungskälte kommt und wozu diese der Pflanze dient.**

____

____

____

____

15 **Außer bei Wasserpflanzen (= Hydrophyten) ist Wasser häufig der Faktor, der das Pflanzenwachstum begrenzt. Entsprechend haben sich Pflanzen dem Wasserangebot an ihren Standorten angepasst. Ordnen Sie die folgenden Merkmale Pflanzen trockener bzw. feuchter Standorte zu. Kreuzen Sie das Zutreffende an.**

Kennzeichen	Pflanzen trockener Standorte (= Xerophyten)	Pflanzen feuchter Standorte (= Hygrophyten)
eingesenkte Spaltöffnungen		
hervorgehobene Spaltöffnungen		
Blattoberfläche mit lebenden Haaren		
Blattoberfläche mit toten Haaren		
große, weiche Blätter		
kleine, lederartige Blätter		
verdickte, fleischige Blätter		

Name:	Klasse:	Datum:

16 **Lösen Sie das Kreuzworträtsel zum Wasserhaushalt der Pflanzen. Umlaute werden getrennt geschrieben (z. B. Ä = AE).**

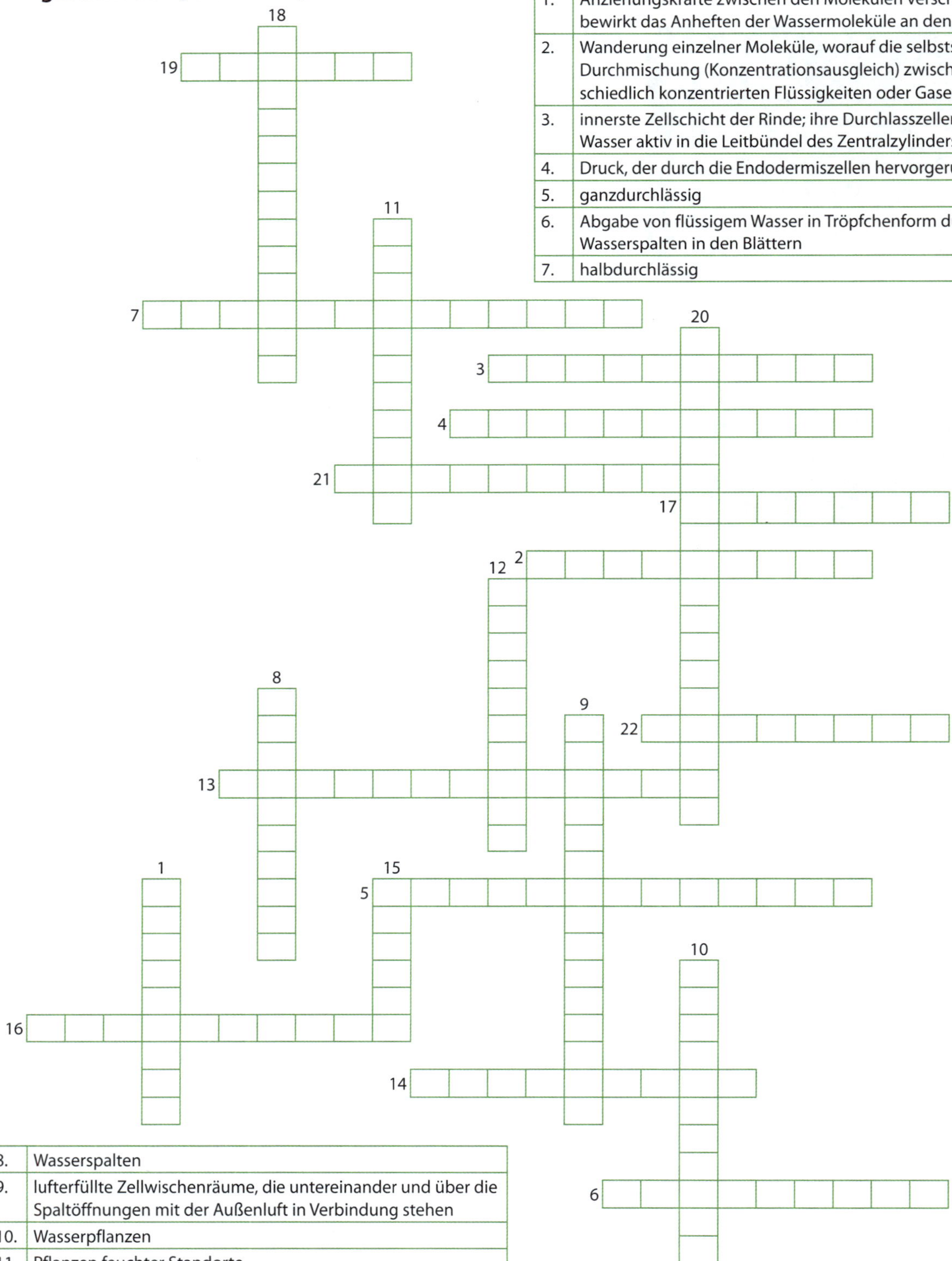

1.	Anziehungskräfte zwischen den Molekülen verschiedener Stoffe; bewirkt das Anheften der Wassermoleküle an den Gefäßwänden
2.	Wanderung einzelner Moleküle, worauf die selbstständige Durchmischung (Konzentrationsausgleich) zwischen zwei unterschiedlich konzentrierten Flüssigkeiten oder Gasen beruht
3.	innerste Zellschicht der Rinde; ihre Durchlasszellen pressen das Wasser aktiv in die Leitbündel des Zentralzylinders der Wurzel
4.	Druck, der durch die Endodermiszellen hervorgerufen wird
5.	ganzdurchlässig
6.	Abgabe von flüssigem Wasser in Tröpfchenform durch kleine Wasserspalten in den Blättern
7.	halbdurchlässig

8.	Wasserspalten
9.	lufterfüllte Zellwischenräume, die untereinander und über die Spaltöffnungen mit der Außenluft in Verbindung stehen
10.	Wasserpflanzen
11.	Pflanzen feuchter Standorte
12.	haarfeine Röhrchen, in denen das Wasser aufsteigt
13.	Wasseraufstieg durch haarfeine Röhrchen
14.	Anziehungskräfte zwischen den Molekülen eines Stoffes; bewirkt das Zusammenhalten der Wassermoleküle
15.	die Diffusion von Wasser durch eine semipermeable Membran
16.	die Ablösung der Plasmahaut von der Zellwand

17.	Spaltöffnungen
18.	die Abgabe von Wasser in Form von Wasserdampf
19.	Zellinnendruck, der durch Wasseraufnahme in die Vakuole entsteht
20.	die bei der Verdunstung stattfindende Abkühlung
21.	Pflanzen trockener Standorte
22.	wässerige Lösung in den Vakuolen

Name:	Klasse:	Datum:

Nährstoffaufnahme

1 Die Pflanze kann zwar das Wasser über Osmose aufnehmen, nicht aber die Nährstoffe. Wie gelangen also die Nährstoffe in die Pflanze?

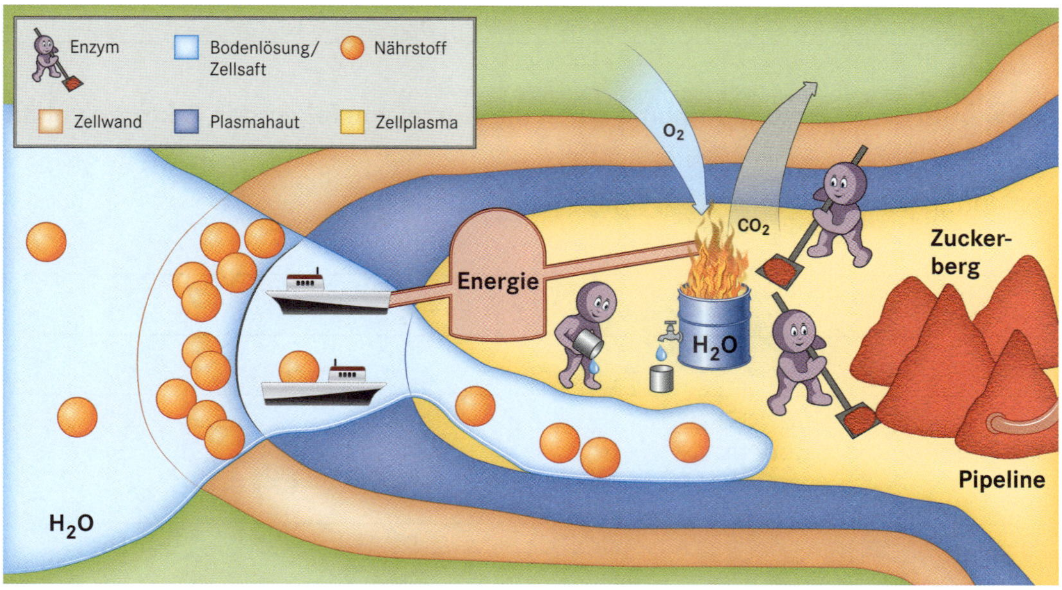

a) Beschreiben Sie die Nährstoffaufnahme anhand der Abbildung oben.

____

____

____

____

b) Unterscheiden Sie die Wasser- und Nährstoffaufnahme. Kreuzen Sie das Zutreffende an.

Kennzeichen	Wasseraufnahme	Nährstoffaufnahme
passiver Vorgang		
aktiver Vorgang		
über Osmose		
keine Energie notwendig		
Energie notwendig		
Diffusion durch Plasmahaut		
Diffusion durch Zellwand		
Transport durch Plasmahaut		

Name:	Klasse:	Datum:

2 **Warum benötigt die Pflanze bei der Nährstoffaufnahme im Gegensatz zur Wasseraufnahme Energie?**

3 **Erklären Sie, warum die Nährstoffaufnahme durch die Wurzel von folgenden Faktoren abhängig ist:**

a) vom Nährstoffgehalt des Bodens:

b) von der Durchlüftung des Bodens:

c) von der Bodenfeuchtigkeit:

d) von der Durchwurzelung des Bodens:

Name:	Klasse:	Datum:

Vegetatives und generatives Wachstum

1 **Unterscheiden Sie vegetatives und generatives Wachstum. Kreuzen Sie das Zutreffende an.**

Kennzeichen	vegetatives Wachstum	generatives Wachstum
Wurzelwachstum		
Blütenbildung		
Fruchtbildung		
Sprosswachstum		
Samenbildung		
dient der Ernährung		
dient der geschlechtlichen Fortpflanzung		

2 **Vervollständigen Sie den Lückentext, indem Sie die folgenden Begriffe einsetzen:**

Äquationsteilung – Äquatorialebene – Chromatiden – Chromosomen – Chromosomenhalbierung – Chromosomenzahl – DNA – Erbanlagen – genetische Information – identisch – Längsteilung – Mitose – Mutterzelle (2×) *– Tochterzellen – verdoppeln*

Die Mitose (= ______________________) bildet die Grundlage für das Wachstum der Pflanze. Bei der ________________ gehen aus einer Zelle, der ________________, zwei ________________ hervor. Diese strecken sich bis zur Größe der ________________ und teilen sich dann ebenfalls usw. Die Tochterzellen besitzen die gleichen ________________ wie die Mutterzelle, sodass sie mit dieser völlig ______________ sind. Damit der Zellkern der Mutterzelle die ____________________________ (DNA) an beide Tochterzellen weitergeben kann, muss er vor Beginn der Zellteilung seine genetische Information ________________. Entsprechend kommt es vor der Zellteilung zur Bildung zweier völlig identischer _________ im Zellkern, welche während der Zellteilung als ______________________ (Chromosomenspalthälften) sichtbar werden. Bei der nachfolgenden ______________________________ werden diese dann auf die beiden Tochterzellen verteilt. Dazu ordnen sich die Träger der Erbanlagen, die ______________________, in der Mitte der Zelle, der ______________________, an. Anschließend werden die Chromosomen durch ______________________ (Trennung der verdoppelten DNA) halbiert, sodass jede Tochterzelle die gleiche ________________________ wie die Mutterzelle erhält.

Name:	Klasse:	Datum:

47–82

3 Mitose ist die Zellteilung, durch die sich Körperzellen vermehren.

a) Bringen Sie zunächst die durcheinandergeratenen Phasen der Mitose (Abbildungen 1 bis 5 links) und danach die Beschreibungen der Abläufe der Mitose (1 bis 11 rechts) in die jeweils richtige Reihenfolge. Schreiben Sie dazu die Ziffern in die Kreise.

b) Ordnen Sie nun die aufgeführten Abläufe den Abbildungen zu. Verbinden Sie dazu die Abläufe durch Pfeile mit der jeweils richtigen Abbildung (siehe Beispiel (1)).

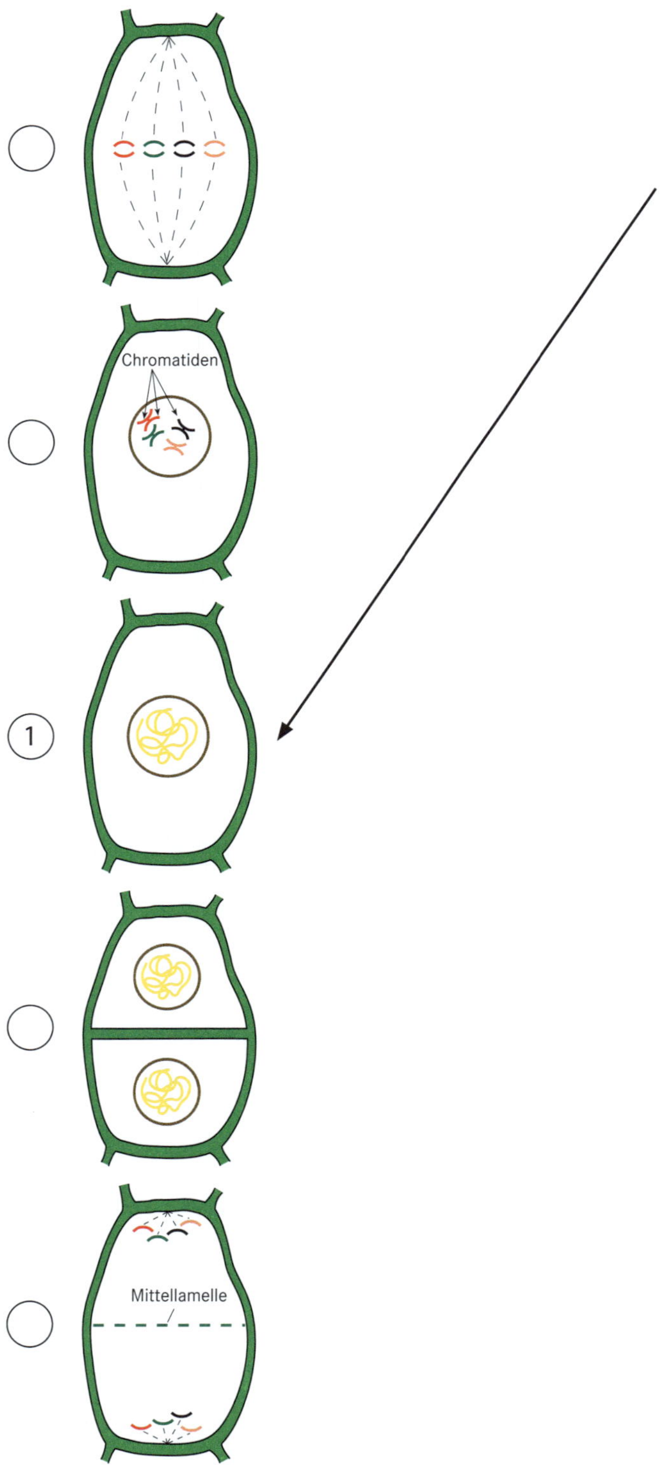

- Aus dem Chromatin entwickeln sich fadenförmige Gebilde, die Chromosomen. ◯
- Chromosomen liegen als unsichtbares Fadenwerk (Chromatin) vor. (1)
- Verdoppelung der genetischen Substanz (Kopie des Originals), sodass Chromosmen-Doppelstrukturen vorliegen. ◯
- Es bildet sich eine neue Zellwand. ◯
- Chromosomenspalthälften (Chromatiden = Halbchromosomen) werden sichtbar. ◯
- Trennung der Chromosomenspalthälften. ◯
- Die Spindelfasern ziehen die Chromatiden (nun als Tochterchromosomen bezeichnet) zu den Polen. ◯
- Anordnung der Chromosomen in der Äquatorialebene. ◯
- Chromosomen lösen sich zum Chromatingerüst auf und umgeben sich mit einer neuen Kernmembran. ◯
- Die neue Zellwand ist fertig, sodass zwei neue Zellen entstanden sind. ◯
- Kernmembran löst sich auf. ◯

Name:	Klasse:	Datum:

Bestäubung und Befruchtung

1 **Um welche Arten der Bestäubung handelt es sich in der folgenden Abbildung?**

(1) ______________________________

(2) ______________________________

(3) ______________________________

2 **Nennen Sie drei typische Kennzeichen, an denen Sie Wind- und Insektenblütler unterscheiden können.**

Windblütler	**Insektenblütler**

Name:	Klasse:	Datum:

3 **Was versteht man unter Bestäubung?**

4 **Der Pollen (Blütenstaub) ist sozusagen der „Fingerabdruck“ einer Pflanze. Erklären Sie dies.**

5 **Obwohl die zweigeschlechtliche Blüte bei den Pflanzen die Regel ist, zählen die wenigsten zu den Selbstbefruchtern. Erklären Sie dies.**

6 **Nennen Sie fünf Maßnahmen, die Pflanzen ergriffen haben, um eine Selbstbefruchtung zu verhindern.**

Name:	Klasse:	Datum:

7 **Was ist bei der Pflanzung von Obstgehölzen zu beachten?**

____

____

8 **Wer befruchtet wen? Stellen Sie in der folgenden Abbildung die Befruchtungsverhältnisse der Apfelbäume mithilfe von Pfeilen dar.**

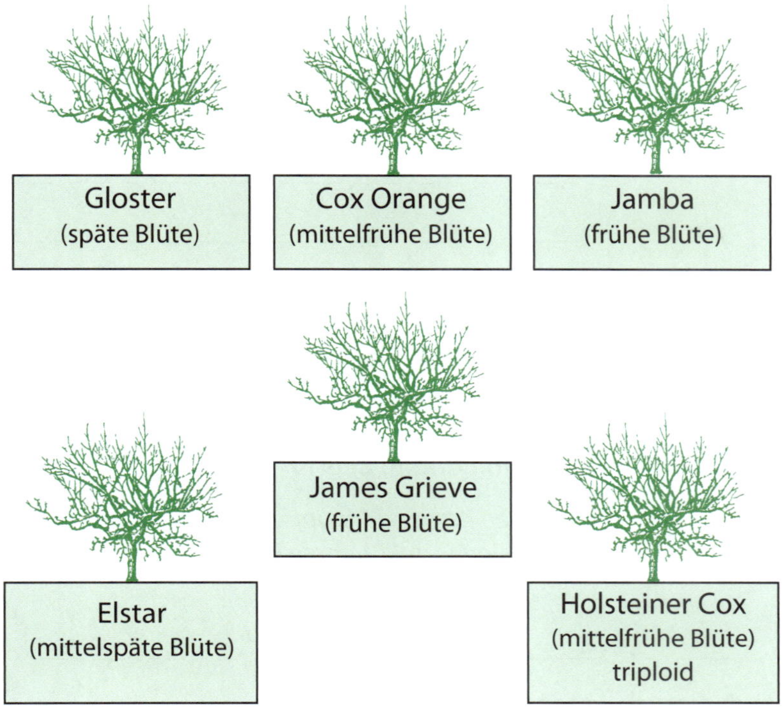

Triploide Sorten können aufgrund ihres dreifachen Chromosomensatzes keinen befruchtungsfähigen Pollen ausbilden.

9 **Welche Möglichkeiten hat man in kleinen Hausgärten, in denen der Platz zum Pflanzen mehrerer Apfelbäume nicht ausreicht bzw. nicht gewünscht ist, die Befruchtung zu gewährleisten?**

____

____

____

____

10 **Zur Blütezeit ist es kalt und regnerisch. Welche Folgen kann dies für den Fruchtansatz der Obstgehölze haben?**

____

____

____

____

Name:	Klasse:	Datum:

11 **Die folgende Abbildung zeigt den Befruchtungsvorgang. Nennen Sie die nummerierten Bestandteile.**

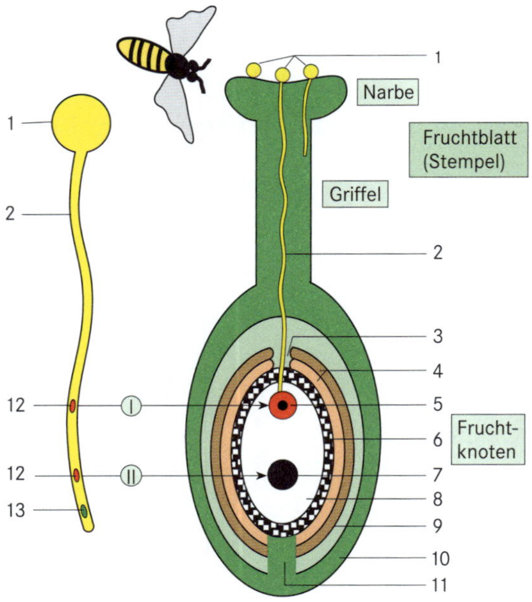

____
____
____
____
____
____
____
____
____
____

12 **Vervollständigen Sie den Lückentext, indem Sie die folgenden Begriffe einsetzen:**

Bestäubung – Eizelle – Embryo – Embryosack – generativen Kerne – Mikropyle – Nährgewebe – Narbe – Narbensekrets – Pollenkorn – Pollenschlauchs – Samenanlage – sekundären Embryosackkern – vegetative Kern

Gelangt bei der ______________ ein ______________ auf die ______________ einer Blüte der gleichen Pflanzenart, wird es durch Absonderung eines ______________ zur Entwicklung eines ______________ angeregt. Der ______________ bewirkt das Wachstum des Pollenschlauchs durch das Gewebe von Narbe und Griffel zur ______________. Nachdem der Pollenschlauch durch die ______________ gewachsen ist, stirbt der vegetative Kern ab. Die zwei ______________ werden in den ______________ entlassen. Der eine verschmilzt mit der ______________, der andere mit dem ______________. Aus der Eizelle entwickelt sich der ______________, aus dem sekundären Embryosackkern das ______________.

13 **Warum spricht man bei Pflanzen von einer doppelten Befruchtung?**

____
____
____

Name:	Klasse:	Datum:

Samen- und Fruchtbildung

1 **Nach der Befruchtung entsteht aus dem Fruchtknoten die Frucht. Ordnen Sie die folgenden Begriffe den entsprechenden Stellen in dem Schaubild unten zu:**

Eizelle – Embryo – Fruchtknotenwand – Nährgewebe – Samen – Samenanlage – Samenschale

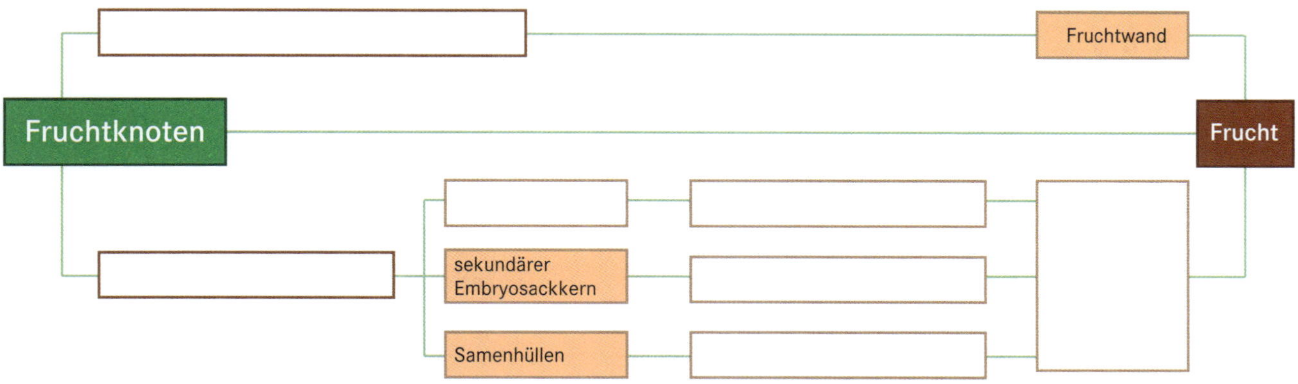

2 **Vervollständigen Sie den Lückentext.**

Ein Samen ist ein von einer festen Hülle, der ______________, umgebenes und mit einem ______________ versehenes, lebendes ______________, das sein ______________ unterbrochen hat und sich in einer Art ______________ befindet.

3 **Mit der Entwicklung des Samens ist es der Pflanze gelungen, Leben zu konservieren. Erklären Sie dies.**

____

____

____

____

4 **Es kann vorkommen, dass Sie in Apfelsinen, Bananen, Gurken oder Weintrauben keine Samen finden. Wie ist dies zu erklären?**

____

____

____

____

Name:	Klasse:	Datum:

Kreuzworträtsel www Samen- und Fruchtbildung

Früchte

1 **Fruchtwand und Samen bilden die Frucht. Wozu dient die Fruchtwand?**

____

2 **Die Früchte der Pflanzen sind sehr vielgestaltig. Dabei kann man zwischen Streu- und Schließfrüchten unterscheiden.**

a) Woran erkennt man Streufrüchte?

____

____

b) Woran erkennt man Schließfrüchte?

____

____

3 **Unterscheiden Sie:**

a) saftige und
b) trockene Schließfrüchte.

a) ______________________________

____

b) ______________________________

____

4 **Welche Früchte zählen zu den saftigen bzw. trockenen Schließfrüchten? Kreuzen Sie das Zutreffende an.**

Schließfrüchte	**saftig**	**trocken**
Beerenfrüchte (z. B. Johannisbeere)		
Kernfrüchte (z. B. Apfel)		
Nussfrüchte (z. B. Haselnuss)		
Spaltfrüchte (z. B. Ahorn)		
Steinfrüchte (z. B. Kirsche)		

Name:	Klasse:	Datum:

5 **Bestimmen Sie mithilfe des folgenden Bestimmungsschlüssels, ob es sich bei den in der unten stehenden Tabelle aufgeführten Schließfrüchten um Stein- oder Beerenfrüchte handelt. Kreuzen Sie das Zutreffende an.**

Steinfrüchte

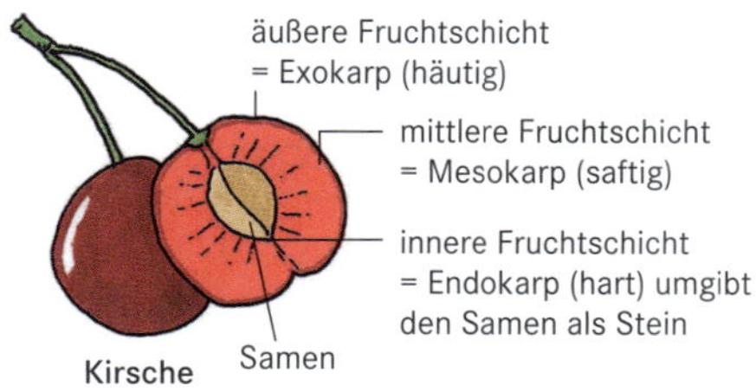

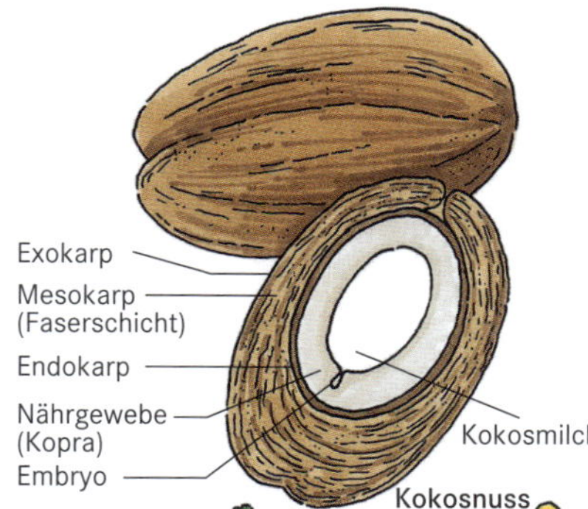

Beerenfrüchte

- Bei den **Steinfrüchten** ist die den Samen umgebende Schicht (Endokarp) durch Holzeinlagerungen so stark verhärtet, dass sie einen „Stein" bildet.
- Bei den **Beerenfrüchten** sind zahlreiche Samen von saftigem Fruchtfleisch umgeben.

Fruchtform	Steinfrüchte	Beerenfrüchte	Fruchtform	Steinfrüchte	Beerenfrüchte
Apfelsine			Kürbis		
Aprikose			Mandarine		
Banane			Mango		
Dattel			Melone		
Granatapfel			Mirabelle		
Grapefruit			Nektarine		
Gurke			Olive		
Heidelbeere			Pampelmuse		
Johannisbeere			Pfirsich		
Kaffee			Pflaume		
Kartoffel			Preiselbeere		
Kiwi			Schlehe		
Kornelkirsche			Stachelbeere		

Name:	Klasse:	Datum:

47–82

6 **Um welche Fruchtform handelt es sich bei den folgenden Beschreibungen:**

a) Trockene Schließfrüchte, bei denen die Samen von einer mehr oder weniger stark verholzten Fruchtwand umgeben sind.

b) Trockene Schließfrüchte, die aus mehreren Fruchtknoten entstanden sind und sich bei der Reife in einsamige Teilfrüchte spalten (z. B. Ahorn).

7 **Bestimmen Sie, welche Art von Schließfrüchten die in der unten stehenden Tabelle aufgeführten Pflanzen ausbilden. Kreuzen Sie das Zutreffende an.**

Pflanzen	Nussfrüchte	Spaltfrüchte	Pflanzen	Nussfrüchte	Spaltfrüchte
Ahorn			Kümmel		
Birke			Petersilie		
Buche			Platane		
Clematis			Ringelblume		
Eiche			Sanddorn		
Erle			Schafgarbe		
Esche			Stockrose		
Haselnuss			Winterlinde		

8 **Erklären Sie anhand der folgenden Abbildungen, warum es sich bei der Walnuss tatsächlich um eine echte Nuss und nicht, wie lange angenommen, um eine Steinfrucht handelt.**

Name:	Klasse:	Datum:

9 **Streufrüchte können nach der Anzahl ihrer Fruchtblätter und der Art ihrer Öffnung unterschieden werden. Ordnen Sie den in der folgenden Abbildung dargestellten Pflanzenbeispielen mithilfe des unten stehenden Bestimmungsschlüssels die entsprechende Fruchtform zu.**

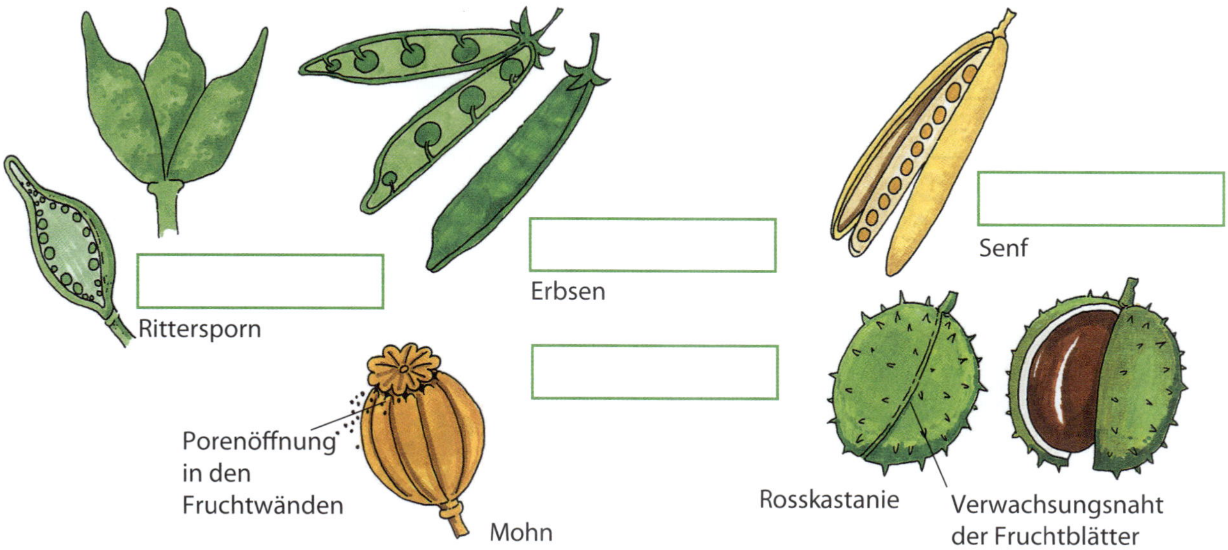

Bestimmungsschlüssel:

- **Hülsen** bestehen aus einem Fruchtblatt, das sich an zwei Seiten (Bauch- und Rückennaht) mit zwei Klappen öffnet.
- **Balgfrüchte** entwickeln sich aus einem Fruchtblatt, das sich an der Verwachsungsnaht öffnet.
- **Kapseln** bestehen aus mehreren Fruchtblättern, die sich bei der Reife mit Löchern oder Spalten öffnen.
- **Schoten** entwickeln sich aus zwei Fruchtblättern, die durch eine Zwischenwand, an der sich die Samen befinden, getrennt sind und sich bei der Reife an beiden Nähten öffnen.

10 **Bestimmen Sie, welche Art von Streufrüchten die in der unten stehenden Tabelle aufgeführten Pflanzen ausbilden. Kreuzen Sie das Zutreffende an.**

Pflanzen	Hülsen	Balgfrüchte	Kapseln	Schoten
Akelei				
Alpenveilchen				
Bohne				
Christrose				
Fingerhut				
Goldregen				
Kohl				
Lupine				
Pfingstrose				
Springkraut				
Tulpe				

Name:	Klasse:	Datum:

47–82

11 Scheinfrüchte

a) Was sind Scheinfrüchte?

b) Nennen Sie mindestens vier Beispiele für Scheinfrüchte.

c) Was ist die eigentliche Frucht beim Apfel?

d) Erläutern Sie, warum die Brombeere eine Scheinfrucht ist und die Himbeere nicht.

12 Wann spricht man von Sammelfrüchten?

13 Fruchtstände

a) Wann spricht man von Fruchtständen?

b) Welche der folgenden Pflanzen bilden Fruchtstände aus? Kreuzen Sie das Zutreffende an.

- ☐ Brombeere
- ☐ Erdbeere
- ☐ Ananas
- ☐ Hagebutte
- ☐ Feige

Name:	Klasse:	Datum:

14 **Benennen Sie die in der folgenden Abbildung dargestellten Sammelfrüchte.**

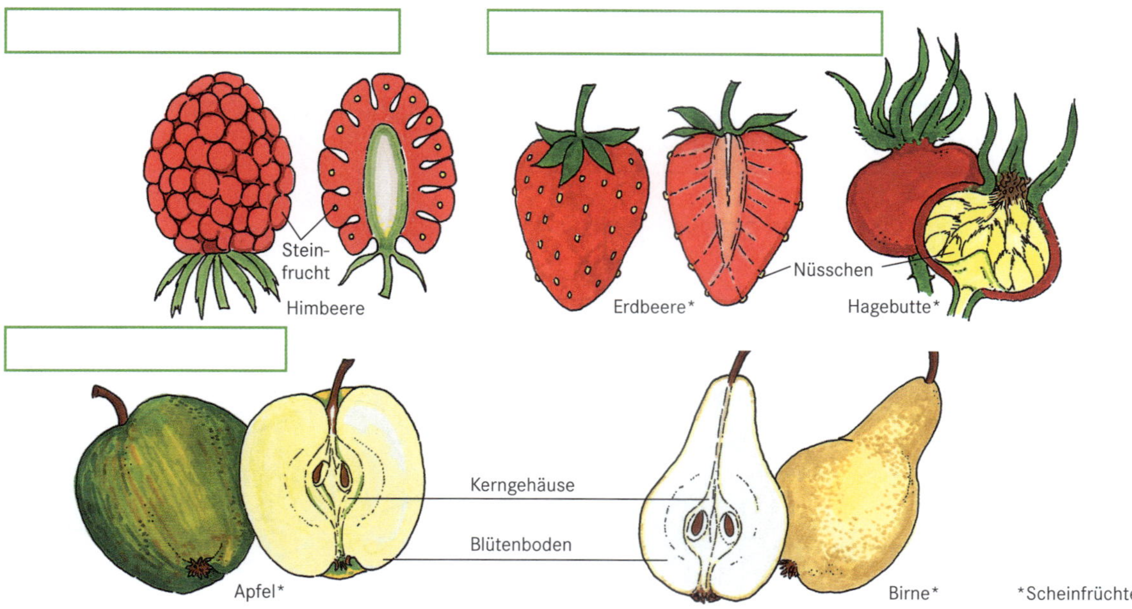

15 **Bestimmen Sie, welche Art von Sammelfrüchten die in der unten stehenden Tabelle aufgeführten Pflanzen ausbilden. Kreuzen Sie das Zutreffende an.**

Pflanzen	**Kernfrüchte**	**Sammel-steinfrüchte**	**Sammel-nussfrüchte**	**Sammel-hülsenfrüchte**
Apfel				
Birne				
Brombeere				
Eberesche				
Erdbeere				
Esskastanie				
Hagebutte				
Himbeere				
Magnolie				
Quitte				
Scheinquitte				
Weißdorn				
Zierapfel				

Name:	Klasse:	Datum:

16 Erstellen Sie eine Mindmap zum Thema Früchte. Verwenden Sie dazu die unten stehende Vorlage. Setzen Sie in die Mindmap folgende Begriffe ein:

Ahorn – Balgfrüchte – Beerenfrüchte – Birne – Bohne – Buchecker – Eichel – Einzelfrüchte – Erdbeere – Feige – Fruchtstände – Himbeere – Hülsen – Kapseln – Kernfürchte – Kokosnuss – Nussfrüchte – Paprika – Rosskastanie – Sammelnussfrüchte – Sammelsteinfrüchte – Schließfrüchte – Schoten – Senf – Steinfrüchte – Walnuss – Weinbeere – Zitrone

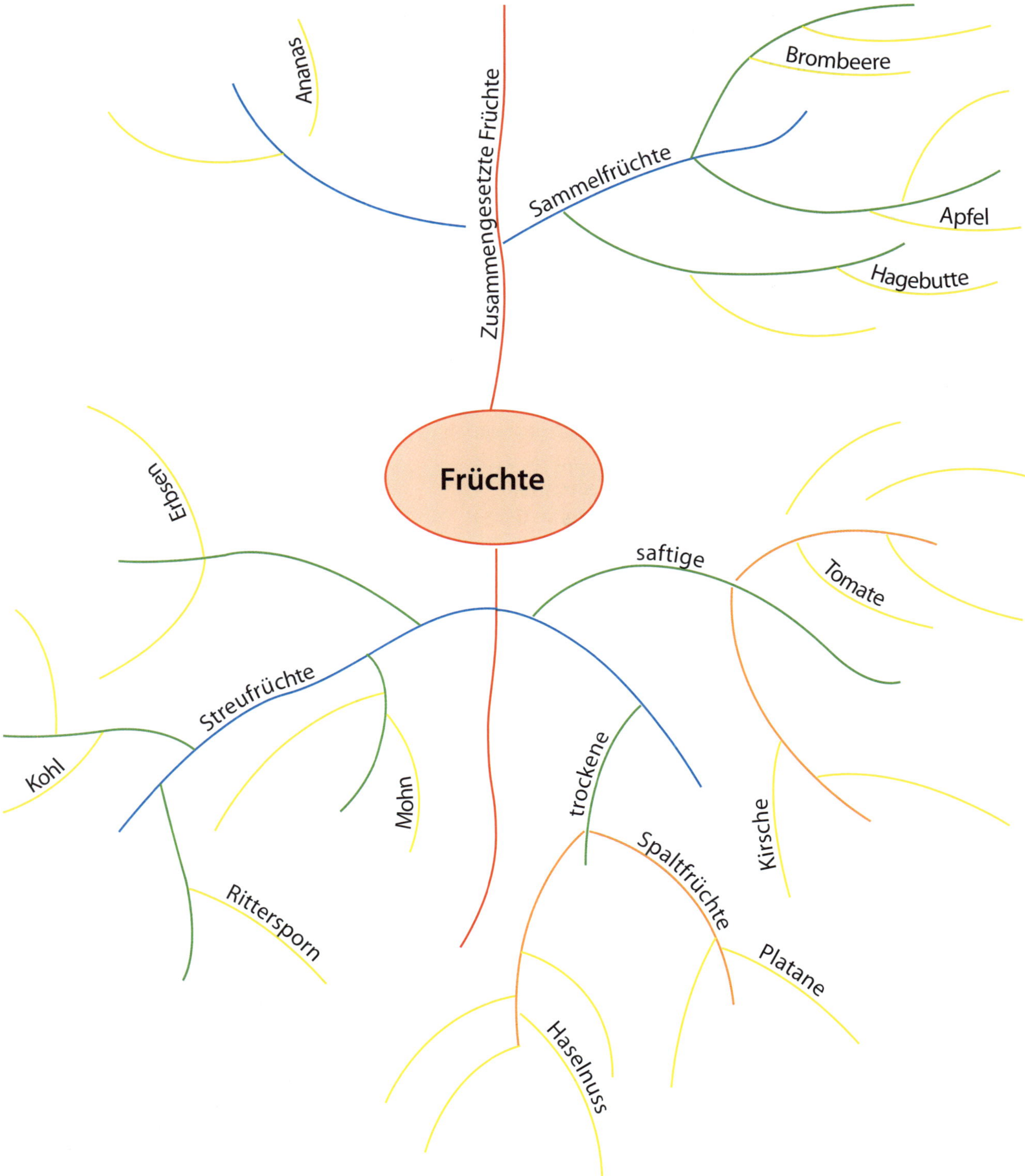

Name:	Klasse:	Datum:

Die Keimung

1 Die folgende Abbildung zeigt Buschbohnensamen.

a) Wie erklärt sich der Größenunterschied zwischen den Bohnensamen A und B?

____

____

b) Worin ist die Bedeutung der Volumenzunahme zu sehen?

____

____

2 Die folgende Abbildung zeigt den Embryo eines Buschbohnensamens. Benennen Sie die nummerierten Bestandteile.

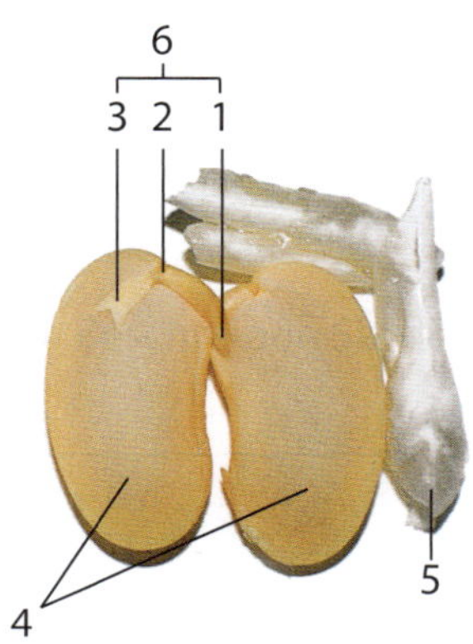

1 ______________ 2 ______________

3 ______________ 4 ______________

5 ______________ 6 ______________

3 Erklären Sie, warum Saatgut mit zunehmendem Alter an Keimfähigkeit verliert.

____

____

____

____

____

4 Wie sollte Saatgut gelagert werden, damit es seine Keimfähigkeit nicht zu schnell verliert?

____

____

____

Name:	Klasse:	Datum:

5 **Erklären Sie die Keimung anhand der folgenden Abbildungen.**

1

2

3

6 **Womit beginnt und womit endet die Keimung?**

Beginn:

Ende:

7 **Was benötigen Samen zur Keimung?**

Name:	Klasse:	Datum:

8 **Führen Sie den folgenden Versuch zur Keimung durch:**

Materialien: 50 Buschbohnensamen, 5 Petrischalen, Watte und Wasser

Vorbereitung:

- Legen Sie 40 Buschbohnensamen in mit Wasser gefüllte Petrischalen ein, bis sie gequollen sind.
- Beschriften Sie die 5 Petrischalen mit den Buchstaben A bis E.
- Pro Petrischale jeweils 10 Buschbohnensamen gemäß der unten stehenden Versuchsanordnung auslegen. Gegen Verdunstung sollten die Petrischalen mit Glasdeckeln abgedeckt werden.

Versuchsanordnung:

A

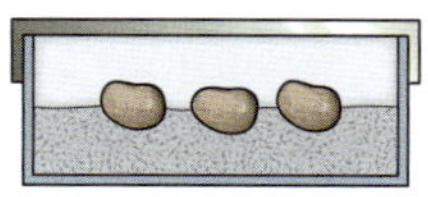

Ungequollene Buschbohnensamen auf trockene Watte auslegen.

B

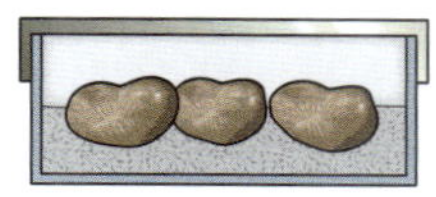

Gequollene Buschbohnensamen auf trockene Watte auslegen.

C

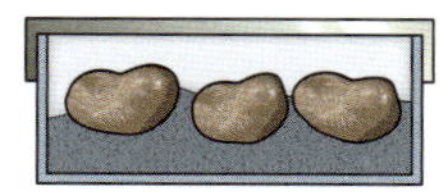

Gequollene Buschbohnensamen auf feuchte Watte auslegen.

D

Gequollene Buschbohnensamen auf feuchte Watte auslegen und in den Kühlschrank stellen.

E

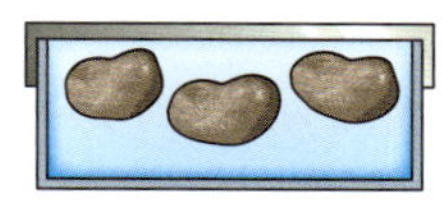

Gequollene Buschbohnensamen mit Wasser bedecken (Luftabschluss).

a) Beobachten Sie die Keimung der Samen. Halten Sie die Anzahl der gekeimten Samen in der unten stehenden Tabelle fest.
b) Zählen Sie nach 7 Tagen die gekeimten Samen.
c) Vergleichen Sie die Ergebnisse und erklären Sie die Unterschiede.

Petrischale					
	A	B	C	D	E
1. Tag					
2. Tag					
3. Tag					
4. Tag					
5. Tag					
6. Tag					
7. Tag					

Name:	Klasse:	Datum:

9 **Obwohl alle Keimbedingungen optimal sind, keimt der Samen nicht.**

a) Woran kann dies liegen?

____

____

____

b) Wozu dient die in Ihrer Antwort zu Aufgabe 9a) beschriebene Ursache?

____

____

____

10 **In der unten stehenden Tabelle sind mögliche Ursachen für Keimruhe aufgeführt.**

a) Ergänzen Sie mögliche Maßnahmen zur vorzeitigen Beendigung der Keimruhe.

b) Ordnen Sie die folgenden Pflanzen den jeweiligen Gründen zu:

Aesculus – Corylus – Frauenmantel – Juglans – Malus – Malvaceen – Pelargonie – Pyrus – Quercus – Rosa – Tomate

Gründe für Keimruhe	**Maßnahmen zum Beenden der Keimruhe**	**Pflanzenbeispiele**
keimhemmende Stoffe im Fruchtfleisch		
Undurchlässigkeit der Samenschale		
Embryo unvollständig entwickelt		
Kälte-/Frostkeimer		

Name:	Klasse:	Datum:

Dickenwachstum

1 Alle Pflanzen weisen durch die nach der Zellteilung erfolgende Zellstreckung auch eine Zunahme im Sprossumfang auf (= primäres Dickenwachstum). Im Gegensatz zu den einkeimblättrigen Pflanzen, bei denen sich das Dickenwachstum hierauf beschränkt, können die zwei- und mehrkeimblättrigen Pflanzen ein zweites, ein sekundäres Dickenwachstum durchführen. Die unten stehenden Abbildungen zeigen verschiedene Stadien des sekundären Dickenwachstums der Sprossachse.

a) Ordnen Sie die folgenden Begriffe den entsprechenden Stellen in den Abbildungen zu (Mehrfachverwendung möglich):

Epidermis – Kambium – Korkgewebe – Korkkambium – Mark – Markstrahlen – Phloem – Rinde – Xylem

b) Vervollständigen Sie den Lückentext.

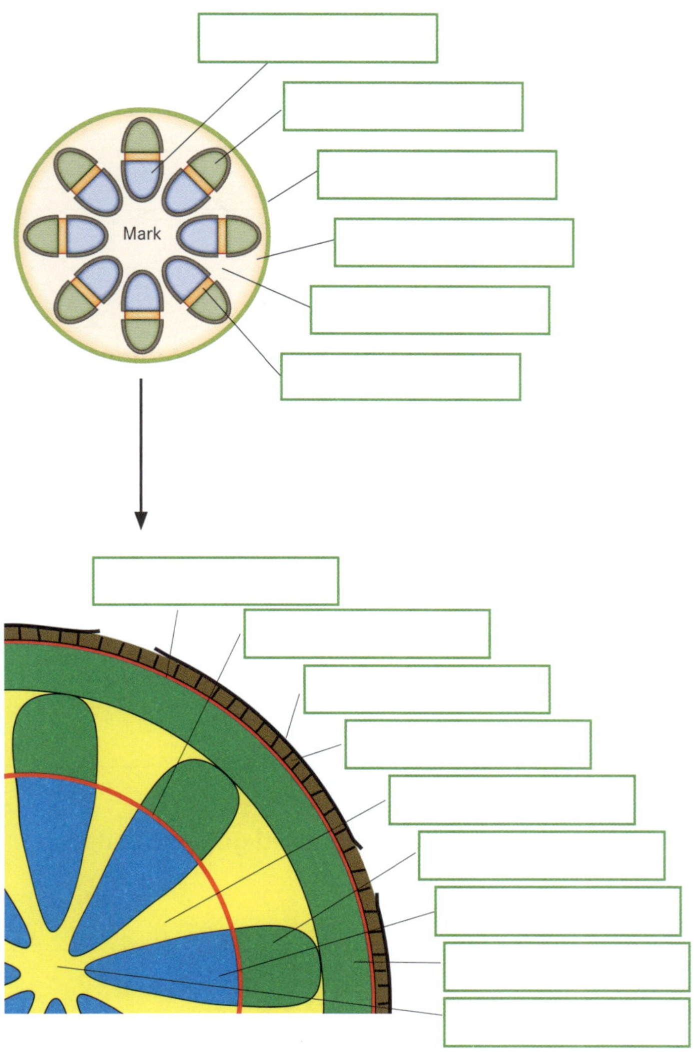

Zunächst bildet sich ein Kambiumring, der ein gleichmäßiges ____________________ ermöglicht. Das Kambium bildet nach außen ____________ und nach innen ____________. Zwischen den Leitbündeln entstehen Zellen zur Stoffleitung und -speicherung, die __________ und __________ miteinander verbinden. Diese Verbindungswege bezeichnet man als ________________. Infolge des zunehmenden Dickenwachstums platzt die ________________ ab. In den äußeren Schichten des ________________ bildet sich ein neues Kambium, das ________________. Dieses entwickelt nach außen ein neues Abschlussgewebe, das ________________. Nach innen werden ________________ gebildet. Das ________________ besteht aus abgestorbenen, undurchlässigen Zellen.

Name:	Klasse:	Datum:

47–82

2 **An den Stellen, an denen sich die Spaltöffnungen der früheren Epidermis befanden, entstehen Kanäle im Korkgewebe, sogenannte Lentizellen. Welche Aufgaben haben diese?**

3 **Erklären Sie anhand der folgenden Abbildung, wie es zur Borkenbildung kommt.**

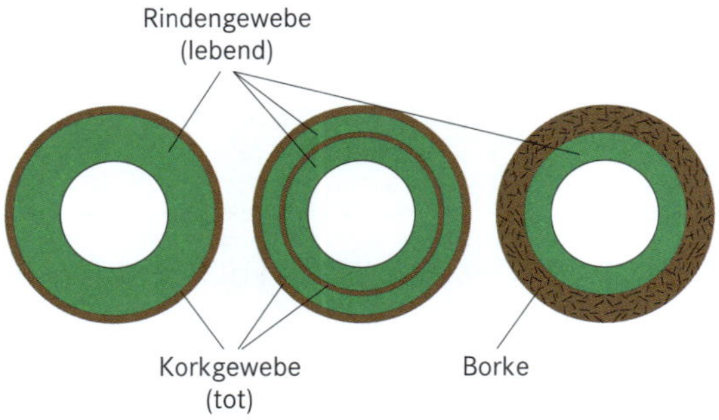

4 **Unterscheiden Sie Borke und Rinde.**

5 **Warum können Stammbeschädigungen zu einer Entwicklungshemmung und gegebenenfalls zum Tod des Baumes führen?**

Name:	Klasse:	Datum:

6 **Bestimmen Sie die nachfolgend dargestellten Gehölze anhand ihrer Borke (deutscher und botanischer Name).**

		Baumart
a) 	b) 	a) ____ ____ ____ b) ____ ____ ____
glänzend weiß, im Alter schwarz und tief gefurcht	dunkelgrau bis schwärzlich, tiefrissig	
c) 	d) 	c) ____ ____ ____ d) ____ ____ ____
graubraun, im Alter dunkelgrau	braunrot, glänzend	
e) 	f) 	e) ____ ____ ____ f) ____ ____ ____
rotbraun bis grau	in Platten ablösend, darunter hellgrün	
g) 	h) 	g) ____ ____ ____ h) ____ ____ ____
dunkelbraun bis dunkelgrau, tief netzrissig	glatt, grau, im Alter silbergrau	

Name:	Klasse:	Datum:

7 **Das Alter eines Baumes kann durch das Zählen der Jahresringe festgestellt werden. Erklären Sie anhand der folgenden Abbildungen die Entstehung der Jahresringe.**

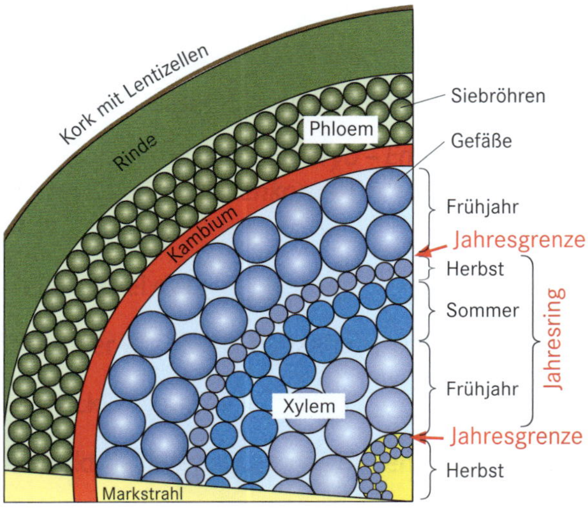

8 **Unterscheiden Sie Kern- und Splintholz. Kreuzen Sie das Zutreffende an.**

Kennzeichen	Splintholz	Kernholz
ältere Jahresringe		
jüngere Jahresringe		
hell gefärbt		
dunkel gefärbt		
Einlagerung von Gerbstoffen		
Weichholz		
Hartholz		

Name:	Klasse:	Datum:

Lebensdauer der Pflanzen

1 Welche Bedeutung haben die folgenden Symbole?

⊙	
(••)	
♃	

2 Nachfolgend sind die Lebensläufe krautiger Pflanzen dargestellt. Ordnen Sie nach der Lebensdauer der Pflanzen die zutreffenden Symbole zu.

Symbol	
	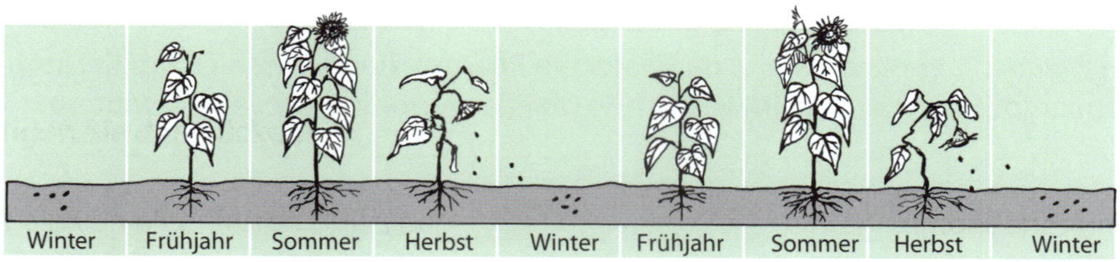
	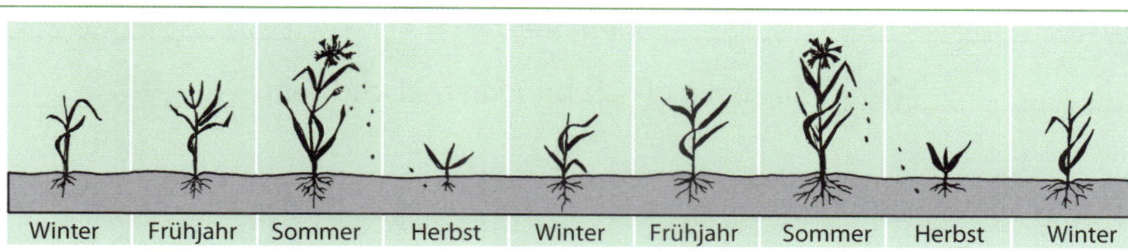
	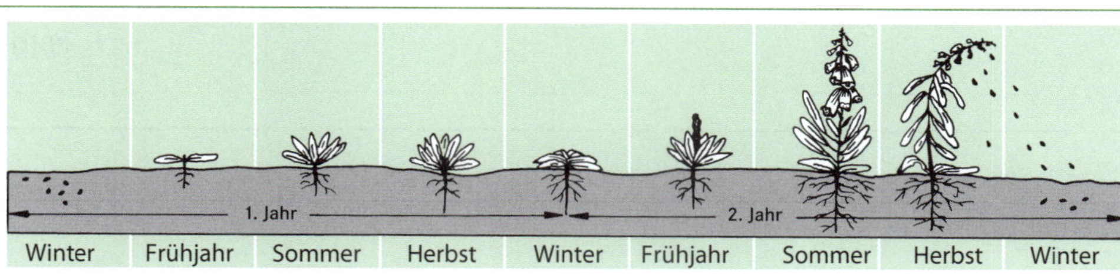

3 Was sind Winterannuelle?

____

____

Name:	Klasse:	Datum:

4 **Nach Lage und Schutz der Erneuerungsknospen während ungünstiger Jahreszeiten (Winter, Trockenzeiten) können Stauden verschiedenen Lebensformen zugeordnet werden: Kryptophyten, Hemikryptophyten und Chamaephyten (griech. kryptos = verborgen; phyton = Pflanze; hemi = halb; chamae = niedrig, zwerghaft).**

a) Verbinden Sie die Lebensform mit der zutreffenden Pflanzenbezeichnung jeweils durch einen Pfeil.

Lebensform
Pflanzen, deren Erneuerungsknospen sich nahe über dem Erdboden (10 cm bis 50 cm) an oberirdisch ausdauernden beblätterten Trieben befinden.
Pflanzen, die nach dem Absterben ihrer oberirdischen Organe die ungünstigen Jahreszeiten im Boden (Geophyten) oder unter Wasser mithilfe von Zwiebeln, Knollen oder Rhizomen überdauern.
Pflanzen, deren Erneuerungsknospen dicht an der Erdoberfläche liegen (Erdschürfepflanzen).

Pflanzenbezeichnung
Kryptophyten
Hemikryptophyten
Chamaephyten

b) Bei welchen der nachfolgend dargestellten Pflanzen handelt es sich um Kryptophyten (*K*) oder Hemikryptophyten (*H*)? Hinweis: Schwarze Pflanzenbestandteile überwintern.

			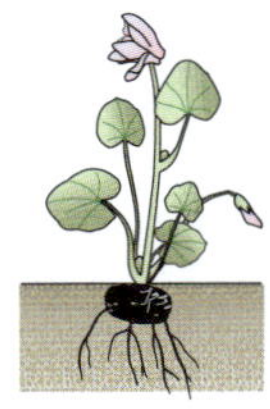		
Buschwindröschen	Löwenzahn	Schneeglöckchen	Cyclamen	Rittersporn	Kriechender Hahnenfuß

5 **Ordnen Sie die folgenden Stauden den verschiedenen Lebensformen zu. Kreuzen Sie das Zutreffende an.**

Staude	**Kryptophyten**	**Hemikryptophyten**	**Chamaephyten**
Achillea filipendulina			
Convallaria majalis			
Crocus vernus			
Nymphea alba			
Phlox paniculata			
Sempervivum-Hybriden			
Tulipa-Hybriden			

Name:	Klasse:	Datum:

Wachstumsbewegungen

1 **Obwohl Pflanzen ortsgebunden sind, sind sie doch ständig in Bewegung. Sie führen Wachstumsbewegungen durch, die jedoch in der Regel erst durch Zeitrafferaufnahmen für das menschliche Auge sichtbar werden. Ausgelöst werden diese Bewegungen durch äußere Reize.**

a) Nach der Art der ausgelösten Bewegung unterscheidet man **Tropismen**, **Taxien** und **Nastien**. Ordnen Sie die Bezeichnungen der jeweils entsprechenden Beschreibung zu.

Beschreibung	**Bezeichnung**
freie und gerichtete Ortsbewegungen von Einzellern, z. B. einzelligen Grünalgen	
Krümmungsbewegungen von Pflanzen, die durch Reize ausgelöst werden und deren Richtung vom Reiz bestimmt wird	
Krümmungsbewegungen von Pflanzen, die durch Reize ausgelöst werden, deren Richtung und Art aber unabhängig vom Reiz erfolgen	

b) Nennen Sie die auslösenden Reize der folgenden Tropismen.

Tropismus	**Ursache** (Art des Reizes)
Fototropismus	
Geotropismus	
Haptotropismus (Thigmotropismus, Seismotropismus)	
Chemotropismus	

c) Vervollständigen Sie den Lückentext.

Erfolgt die Wachstumsbewegung zur Reizquelle hin, bezeichnet man sie als ____________________,

erfolgt sie von ihr weg, als ____________________.

d) Worum handelt es sich bei autonomen Bewegungen?

____

____

____

Name:	Klasse:	Datum:

e) Auf welcher Art des Tropismus bzw. der Nastie beruhen die folgenden Wachstumsbewegungen?

Wachstumsbewegung	Art des Tropismus bzw. der Nastie
das Aufrichten umgeknickter Pflanzen	
das Klettern mithilfe der Blattstiele bei Clematis	
das Wachstum des Pollenschlauchs beim Befruchtungsvorgang	
das Öffnen der Blüten vieler Pflanzen bei Licht und das Schließen bei Dunkelheit (z. B. Seerose)	
das Öffnen der Blüten von Tulpe und Krokus bei Wärme und das Schließen bei Kälte	
das Zusammenklappen der Blatthälften der Venusfliegenfalle	
das Umranken von Gegenständen bei Berührung	
die Fangbewegungen der Tentakeln des Sonnentaus	
die Suchbewegungen von Windern und Rankern	

2 **Erläutern Sie die nachfolgend dargestellten Wachstumsbewegungen.**

Wachstumsbewegung	Erläuterung
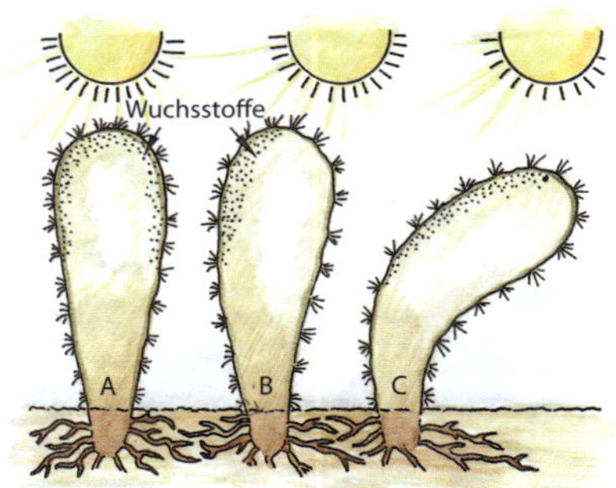	
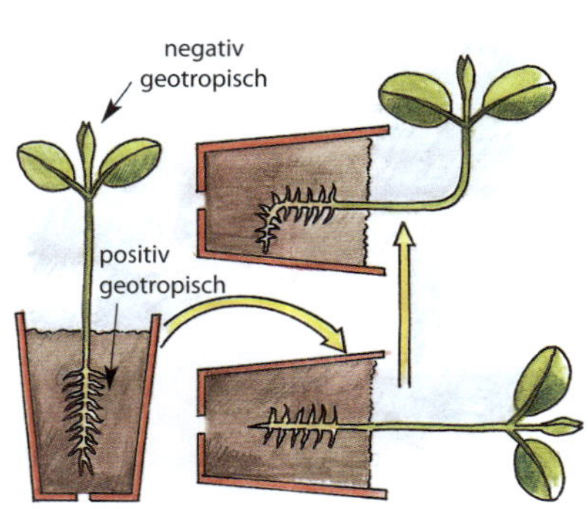	

Name:	Klasse:	Datum:

Wachstumsbewegung	Erläuterung

Name:	Klasse:	Datum:

3 **Lösen Sie das Kreuzworträtsel zur Wachstumsbewegung. Umlaute werden getrennt geschrieben (z. B. Ä = AE), ß wird als SS geschrieben.**

1.	selbstständige Bewegungen der Pflanze, die nicht durch äußere Reize bewirkt werden, z. B. Suchbewegungen von Windern und Rankern
2.	Wuchsstoffe
3.	durch chemische Reize hervorgerufene Bewegungen, z. B. Fangbewegungen der Tentakeln des Sonnentaus
4.	durch chemische Reize (Konzentrationsunterschiede) ausgelöste Richtungsbewegungen, z. B. Wachstum der Wurzel zu gut durchlüfteten, nährstoffreichen oder feuchten Stellen im Boden
5.	die durch die Schwerkraft der Erde (Gravitationskraft) bewirkte Richtungsbewegung
6.	durch Berührung hervorgerufene Bewegung, z. B. das Zusammenklappen der Blatthälften der Venusfliegenfalle

7.	durch Berührungsreiz ausgelöste Richtungsbewegung, z. B. Krümmung der Blattstiele bei kletternden Clematis-Arten
8.	das Ausrichten von Blättern und Blüten zur Sonne, z. B. bei Sonnenblumen
9.	Krümmungsbewegungen der Pflanze, deren Richtung und Art unabhängig vom Reiz erfolgen
10.	das Öffnen der Blüten bei Licht und ihre Schließung bei Dunkelheit bzw. Bewölkung (z. B. Seerosen) oder Schließung bei Licht und Öffnung bei Dunkelheit (z. B. Nachtkerze)
11.	Krümmungsbewegungen, die vom Licht ausgelöst werden
12.	Stärkekörner in den Zellen des Sprosses und der Wurzelhaube, über die der Schwerkraftreiz aufgenommen wird
13.	freie und gerichtete Ortsbewegungen von Einzellern, z. B. einzelligen Grünalgen
14.	durch Änderung der Temperatur hervorgerufene Bewegung, z. B. die Öffnung vieler Blüten durch Wärme und ihre Schließung bei Kälte (z. B. Krokus und Tulpe)
15.	Krümmungsbewegungen von Pflanzen, die durch einen äußeren Reiz ausgelöst werden und deren Richtung vom Reiz bestimmt wird

Name:	Klasse:	Datum:

Grundlagen der Vererbung

1 Nennen Sie drei Merkmale, die Pflanzen vererben können.

____

____

____

2 Wie bezeichnet man die Weitergabe von Erbanlagen der Eltern auf die Nachkommen?

____

____

3 Wie nennt man die Träger der Erbanlagen? Kreuzen Sie das Zutreffende an.

- ☐ Chromosomen
- ☐ Gene
- ☐ Zellkern

4 Wie viele Gene enthält das folgende Chromosom?

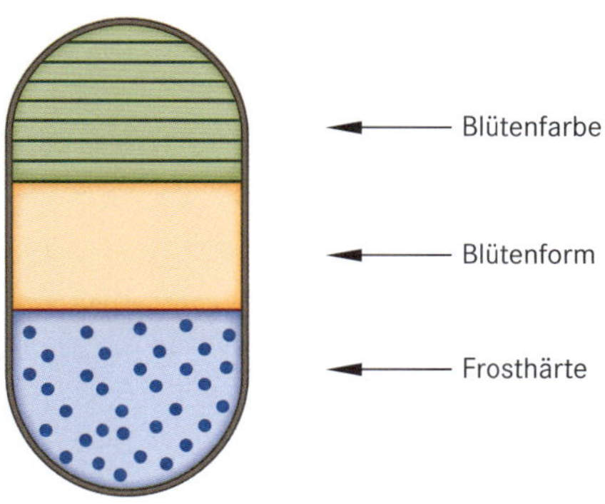

Antwort: ______________

5 Vervollständigen Sie den Lückentext.

Ein Chromosom ist in Abschnitte gegliedert. In diesen Abschnitten sind die ______________ (= ______________) für jedes Merkmal gespeichert. Die Summe der in den ______________ gespeicherten Merkmale bildet den ______________, auch Erbbild genannt.

Name:	Klasse:	Datum:

6 **Die Gesamtheit aller Chromosomen eines Zellkerns heißt Chromosomensatz. Welche der folgenden Antworten ist richtig? Kreuzen Sie das Zutreffende an.**

- ☐ Körperzellen und Geschlechtszellen haben einen diploiden (= doppelten) Chromosomensatz.
- ☐ Körperzellen und Geschlechtszellen haben einen haploiden (= einfachen) Chromosomensatz.
- ☐ Körperzellen haben einen haploiden, Geschlechtszellen einen diploiden Chromosomensatz.
- ☐ Körperzellen haben einen diploiden, Geschlechtszellen einen haploiden Chromosomensatz.

7 **Die Zahl der Chromosomen, die ein Lebewesen besitzt, kann sehr verschieden sein. So haben z. B. die Körperzellen des Menschen 46, die des Huhns 78, der Honigbiene 32, der Kartoffel 48, der Lilie 24 und die des Löwenmäulchens 16 Chromosomen.**
Wie viele Chromosomen haben die entsprechenden Geschlechtszellen? Ergänzen Sie die Tabelle.

Lebewesen	Chromosomen in Körperzellen	Chromosomen in Geschlechtszellen
Mensch		
Huhn		
Honigbiene		
Kartoffel		
Lilie		
Löwenmäulchen		

8 **Stellen Sie in dem folgenden Schaubild durch das Einzeichnen von Pfeilen die Beziehungen her, sodass eine Art Kreislauf entsteht.**

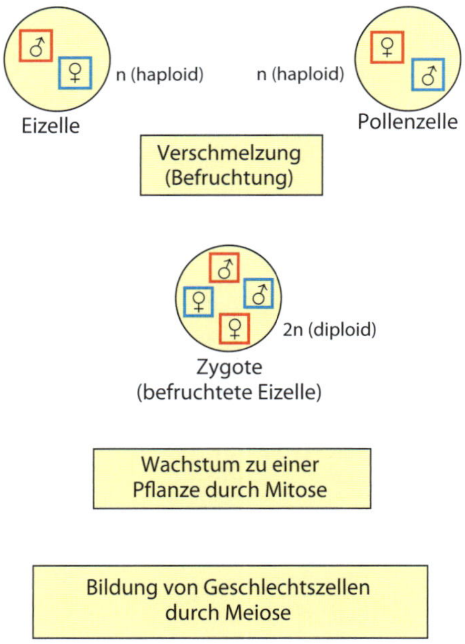

Name:	Klasse:	Datum:

9 **Die folgende Abbildung zeigt ein Chromosomenpaar.**

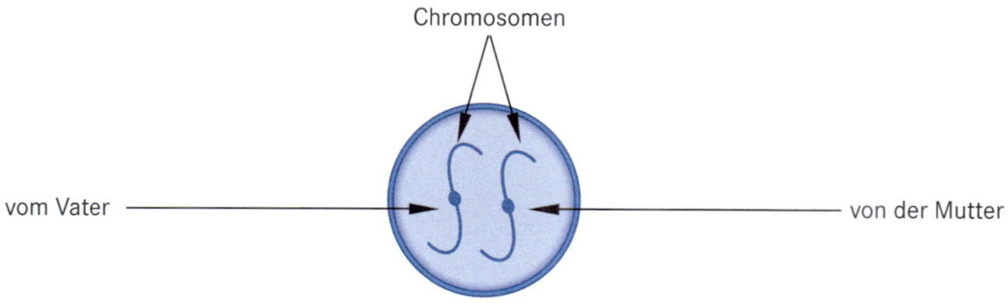

Damit es übersichtlich bleibt nehmen wir an, jedes Chromosom trägt nur eine Erbanlage (= Gen).

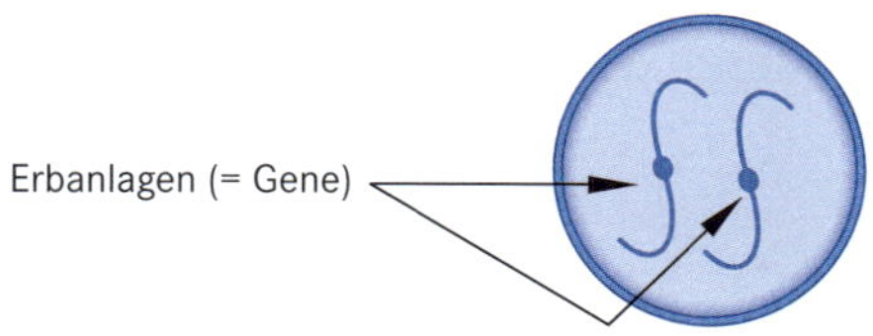

Die Erbanlagen enthalten das Merkmal Blütenfarbe. Beide Chromosomen besitzen die Erbanlage für rote Blütenfarbe.

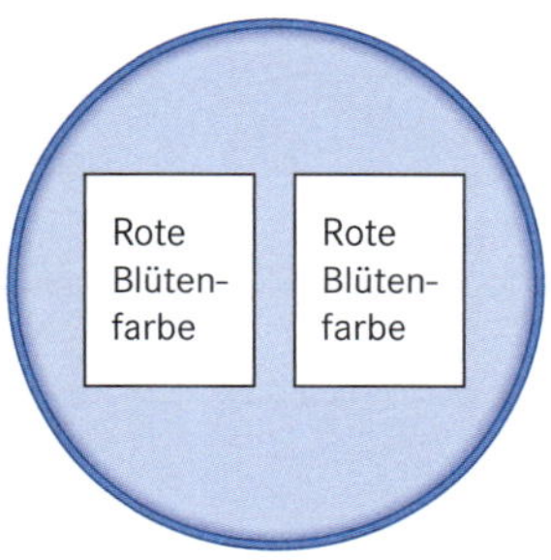

vereinfacht dargestellt:

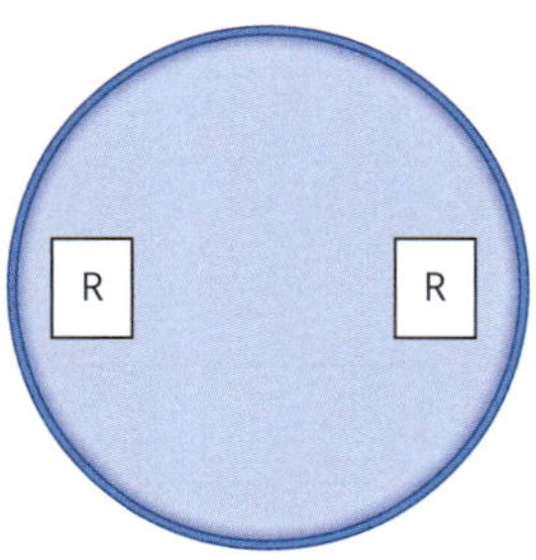

R = Rote Blütenfarbe

Wie nennt man eine Pflanze, die für ein Merkmal, in diesem Fall die Blütenfarbe, das gleiche Gen, in diesem Fall für die Farbe Rot, besitzt?

___

Name:	Klasse:	Datum:

10 Nachfolgend dargestellt sind die Erbbilder (= Genotyp) einiger Pflanzen. Die Gene auf den Chromosomen sind durch Buchstaben dargestellt.

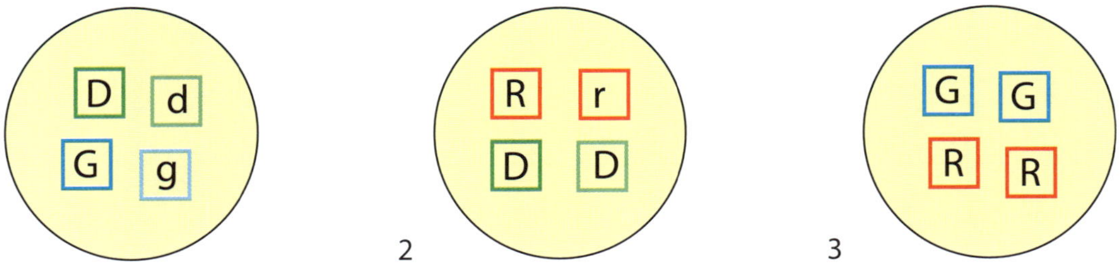

1 2 3

Merke: Die einander entsprechenden Gene (z. B. für Blütenfarbe) bezeichnet man mit demselben Buchstaben. Bei verschiedenen Genen der Eltern für ein Merkmal setzt man zur Unterscheidung bei dem einen Elter den großen, bei dem anderen den kleinen Buchstaben.

Symbole:

R = Gen für rote Blütenfarbe, r = Gen für weiße Blütenfarbe

D = Gen für starken Blütenduft, d = Gen für schwachen Blütenduft

G = Gen für große Blüten, g = Gen für kleine Blüten

a) Handelt es sich um reinerbige oder mischerbige Pflanzen?

1 ______________________________

____

2 ______________________________

____

3 ______________________________

____

____

b) Vervollständigen Sie den Lückentext.

Besitzen Pflanzen für ein oder mehrere ______________ gleiche ______________, so handelt es sich um ______________ Pflanzen für dieses bzw. für diese ______________.

Besitzen Pflanzen dagegen für ein oder mehrere Merkmale ______________ Gene, so handelt es sich um ______________ Pflanzen für ein oder mehrere ______________.

Reinerbige Pflanzen bezeichnet man als ______________, mischerbige als ______________.

Name:	Klasse:	Datum:

Meiose (Reifeteilung)

1 Vervollständigen Sie den Lückentext.

Die Gesamtheit aller Chromosomen eines Zellkerns bezeichnet man als ______________________ ________. In dem Chromosomensatz der Körperzellen treten alle Chromosomen ________________ auf. Das heißt, für jedes Merkmal, z. B. Blütenfarbe, sind zwei ________________________ (= homologe) Chromosomen vorhanden. Von diesen beiden Chromosomen stammt das eine vom __________________ und das andere von der ____________________. Alle Erbanlagen sind also doppelt (= ___________________) vorhanden.

2 Geschlechtszellen (= Gameten)

a) Warum muss bei der Bildung von Geschlechtszellen die Anzahl der Chromosomen halbiert werden, sodass Geschlechtszellen im Unterschied zu Körperzellen nur einen einfachen (= haploiden) Chromosomensatz aufweisen?

____

____

____

____

____

____

____

b) Wie nennt man die Zellteilung, bei der die Geschlechtszellen gebildet werden?

____

____

3 Welcher wichtige Vorgang findet in der Interphase, der Phase zwischen zwei Zellteilungen, statt?

____

____

____

____

____

Name:	Klasse:	Datum:

82–96

4 **Die folgende Abbildung zeigt verschiedene Phasen während der Meiose.**

a) Bringen Sie die einzelnen Phasen in die richtige Reihenfolge, indem Sie diese durch Pfeile entsprechend ihrer Abfolge verbinden.

b) Ordnen Sie die folgenden Phasen den richtigen Stellen in der Abbildung zu:

Anaphase I – Anaphase II – Metaphase I – Metaphase II – Prophase I – Prophase II – Telophase I – Telophase II

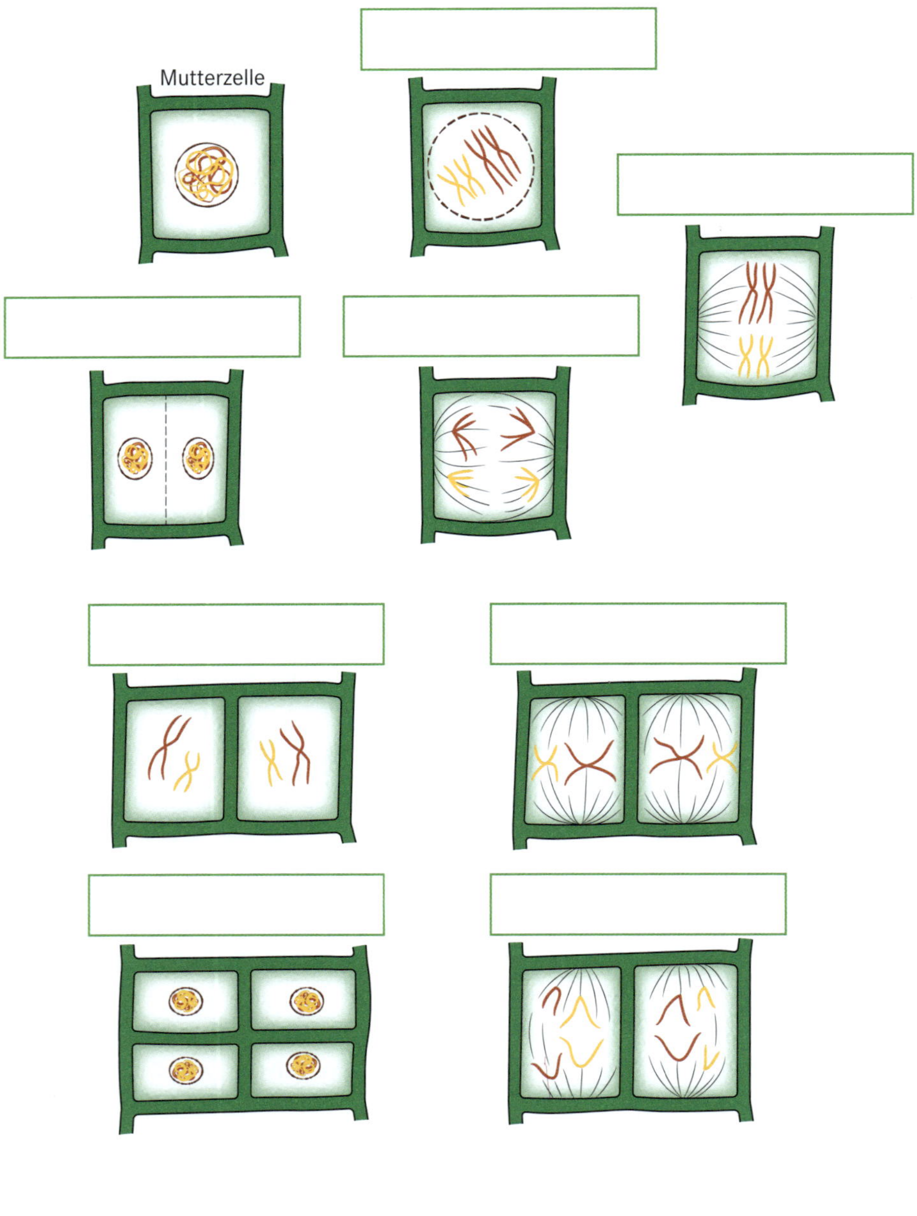

Name:	Klasse:	Datum:

5 Ordnen Sie die einzelnen Meiose-Phasen den folgenden Beschreibungen zu und nummerieren Sie die Phasen entsprechend ihrer Reihenfolge (siehe Beispiel).

- Der Spindelapparat wird aufgelöst und die Chromosomen werden unsichtbar.
- Es bilden sich neue Kernhüllen und es entstehen neue Zellkerne.
- Beide Zellen teilen sich, sodass vier haploide Zellen entstehen.

___

- Der Spindelapparat wird sichtbar.
- Die homologen Chromosomen ordnen sich in der Äquatorialebene (Zellmitte) einander gegenüber an.

___

- Die Chromosomen (DNA bereits verdoppelt) werden sichtbar, die Kernhülle löst sich auf.
- Die homologen Chromosomen paaren sich.
- Die Chromatiden werden sichtbar. Jedes homologe Chromosomenpaar besteht aus vier Chromatiden (Tetradenbildung).

(1) Prophase I

- Die Chromosomen werden sichtbar und die Kernhüllen lösen sich auf.
- Die Chromatiden werden sichtbar. Jedes Chromosom besteht aus zwei Chromatiden.

___

- Durch Verkürzung der Spindelfasern werden die homologen Chromosomen voneinander getrennt und zu den entgegengesetzten Polen gezogen.

___

- Der Spindelapparat wird sichtbar.
- Die Chromosomen ordnen sich in einer Reihe in der Äquatorialebene an.

___

- Der Spindelapparat wird aufgelöst und die Chromosomen werden unsichtbar.
- Es bilden sich zwei neue Kernhüllen, sodass zwei Zellkerne entstehen.
- Es bildet sich eine neue Zellwand.
- Es entstehen zwei Zellen mit einem haploiden Chromosomensatz.

___

- Durch Verkürzung der Spindelfasern werden die Schwesterchromatiden getrennt und (nun als Chromosomen bezeichnet) zu den entgegengesetzten Polen gezogen.

___

Name:	Klasse:	Datum:

6 **Bei der Meiose finden zwei Zellteilungen statt. Die als Meiose I oder 1. Reifeteilung und Meiose II oder 2. Reifeteilung bezeichnet werden. Welche wesentlichen Unterschiede bestehen zwischen den beiden Zellteilungen?**

____

____

____

____

____

____

____

7 **Lösen Sie das Kreuzworträtsel zur Meiose. Umlaute werden getrennt geschrieben (z. B. Ä = AE).**

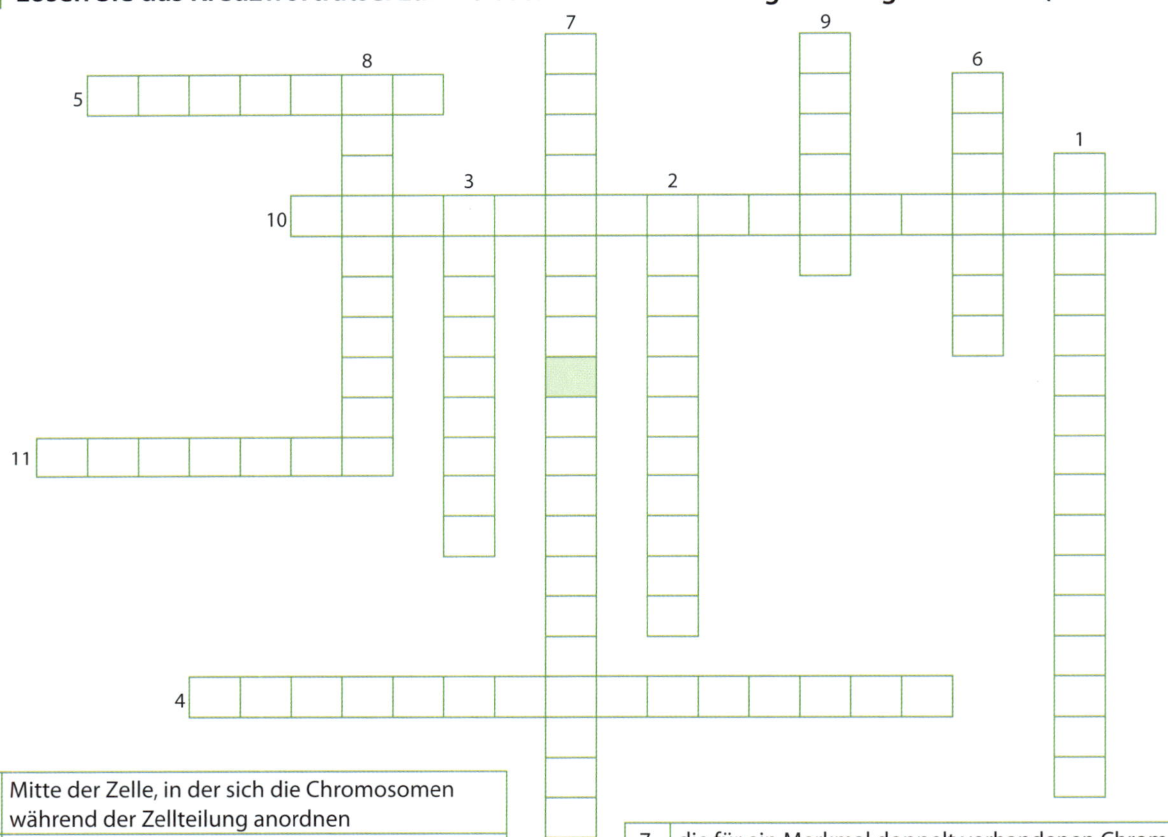

1.	Mitte der Zelle, in der sich die Chromosomen während der Zellteilung anordnen
2.	Chromosomenspalthälften (Halbchromosomen, nach der Trennung als Tochterchromosomen bezeichnet)
3.	unsichtbares Fadenwerk, in dem die Chromosomen zu Beginn einer Zellteilung vorliegen
4.	die Gesamtheit der von einem Elter bei der Befruchtung beigesteuerten Chromosomen
5.	Chromosomensatz der Körperzellen
6.	Chromosomensatz der Geschlechtszellen

7.	die für ein Merkmal doppelt vorhandenen Chromosomen, wovon das eine vom Vater und das andere von der Mutter stammt
8.	Phase, in der die Verdoppelung der genetischen Information stattfindet
9.	Zellteilung, bei der die homologen Chromosomen voneinander getrennt werden, sodass die Tochterzellen die halbe Chromosomenzahl haben
10.	Zellen, die durch Meiose entstehen
11.	entsteht durch die Paarung homologer Chromosomen in der Prophase I

Name:	Klasse:	Datum:

Die Mendel'schen Regeln

1 Sie kreuzen zwei reinerbige Pflanzen, die sich in einem Merkmal, der Blütenfarbe, unterscheiden. Die Mutterpflanze blüht rot, die Vaterpflanze weiß. Beide Erbanlagen werden gleich stark (= intermediär) vererbt.

a) Ermitteln Sie die Genotypen für die Körperzellen und Geschlechtszellen und tragen Sie diese in die unten stehende Abbildung ein. Die Erbanlage für die rote Blütenfarbe wird durch *R*, die weiße durch *r* dargestellt.

Merke: Die einander entsprechenden Merkmale der Eltern (z. B. Blütenfarbe) bezeichnet man mit demselben Buchstaben. Wenn sich die Gene für dieses gemeinsame Merkmal jedoch unterscheiden, setzt man bei dem einen Elter den großen, bei dem anderen den kleinen Buchstaben. Beginnen Sie stets mit den großen Buchstaben.

b) Zeichnen Sie die Phänotypen, indem Sie bei der Elterngeneration und den Nachkommen (F_1-Generation) die Blüten in der unten stehenden Abbildung mit der jeweiligen Farbe ausmalen. Falls Sie keine Buntstifte haben, schreiben Sie die Namen der Farben an die Blüten.

c) Wie blühen die Nachkommen? ____________________

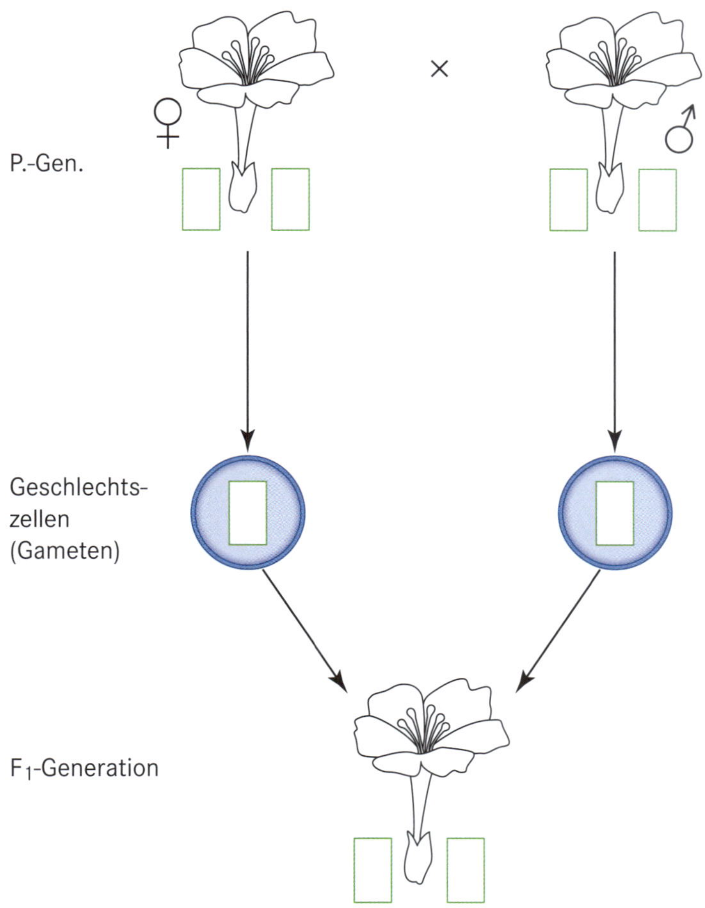

Name:	Klasse:	Datum:

2 **Vervollständigen Sie den Lückentext.**

Wenn die Erbanlagen der Eltern gleich stark vererbt werden, nehmen die Nachkommen eine

____________________________ zwischen den Eltern ein. Das Erscheinungsbild, der

____________________________ liegt zwischen dem Erscheinungsbild der ____________________.

In diesem Fall spricht man von einer ____________________________________.

3 **Wieder kreuzen Sie zwei reinerbige Pflanzen, die sich in der Blütenfarbe unterscheiden. Die Mutterpflanze blüht rot, die Vaterpflanze weiß. In diesem Fall wird das Merkmal rote Blütenfarbe aber dominant (herrschend, unterdrückend) und das Merkmal weiße Blütenfarbe rezessiv (zurückweichend, unterdrückt) vererbt.**

a) Tragen Sie die Genotypen in die unten stehende Abbildung ein, und malen Sie die Blüten in den Farben entsprechend dem jeweiligen Phänotyp aus.

Merke: Bei einem dominant-rezessiven Erbgang wird das dominante Gen immer groß-, das rezessive immer kleingeschrieben.

b) Wie blühen die Nachkommen in der F_1-Generation? ________________

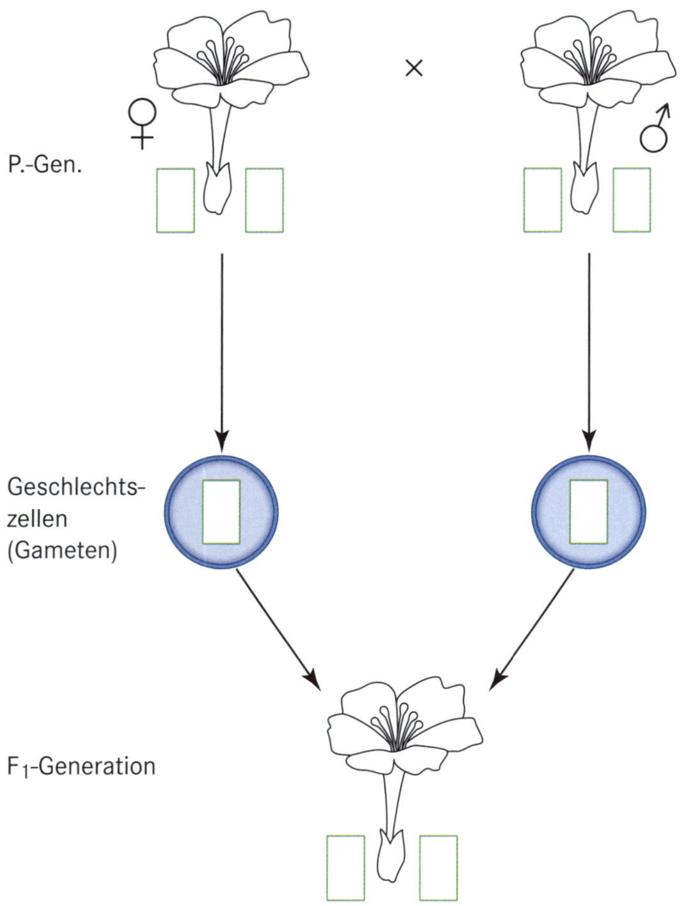

Name:	Klasse:	Datum:

4 **Gleichgültig, welcher Erbgang vorliegt, die Pflanzen der F_1-Generation sehen in ihrem äußeren Erscheinungsbild gleich aus. Aus diesen Beobachtungen leitete Mendel seine erste Regel ab. Vervollständigen Sie den Lückentext.**

1. Mendel'sche Regel

Kreuzt man zwei __________________ Lebewesen miteinander, die sich in einem __________________ unterscheiden (z. B. Blütenfarbe), so sind die Nachkommen in der F_1-Generation untereinander __________________. Da die Nachkommen untereinander gleich (= uniform) aussehen, wird die erste Mendel'sche Regel auch als Gleichförmigkeitsregel oder ____________________________ bezeichnet.

5 **Wie sieht die F_2-Generation phänotypisch und genotypisch aus, wenn man die mischerbigen Pflanzen der F_1-Generation aus den Aufgaben 1 und 3 untereinander kreuzt?**

zu Aufgabe 1

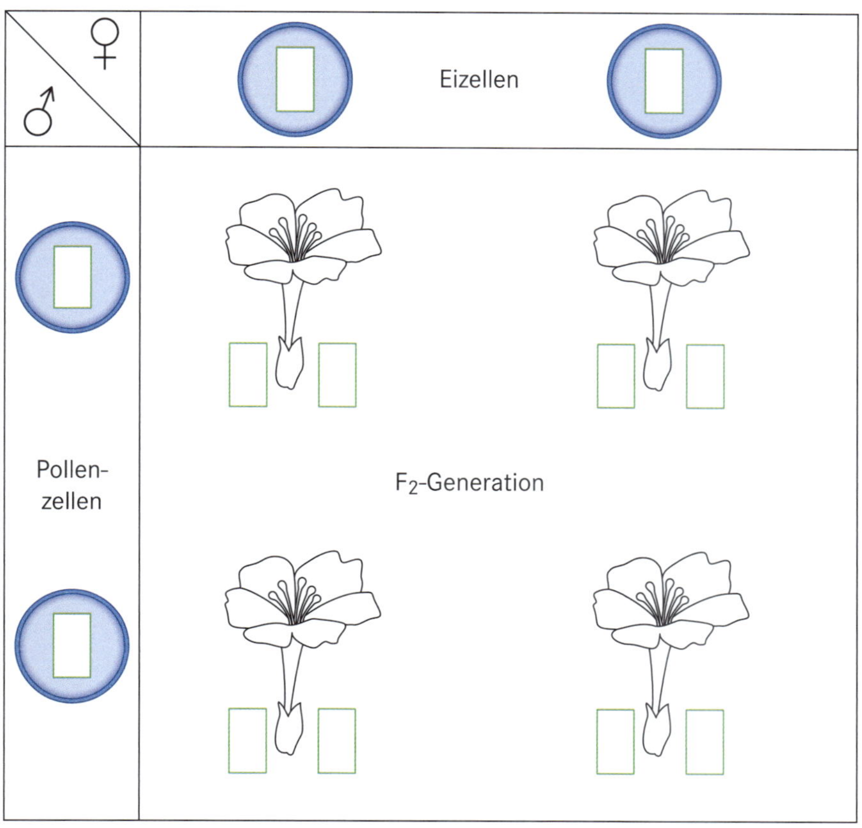

Ergebnis:

____

____

____

Name:	Klasse:	Datum:

zu Aufgabe 3

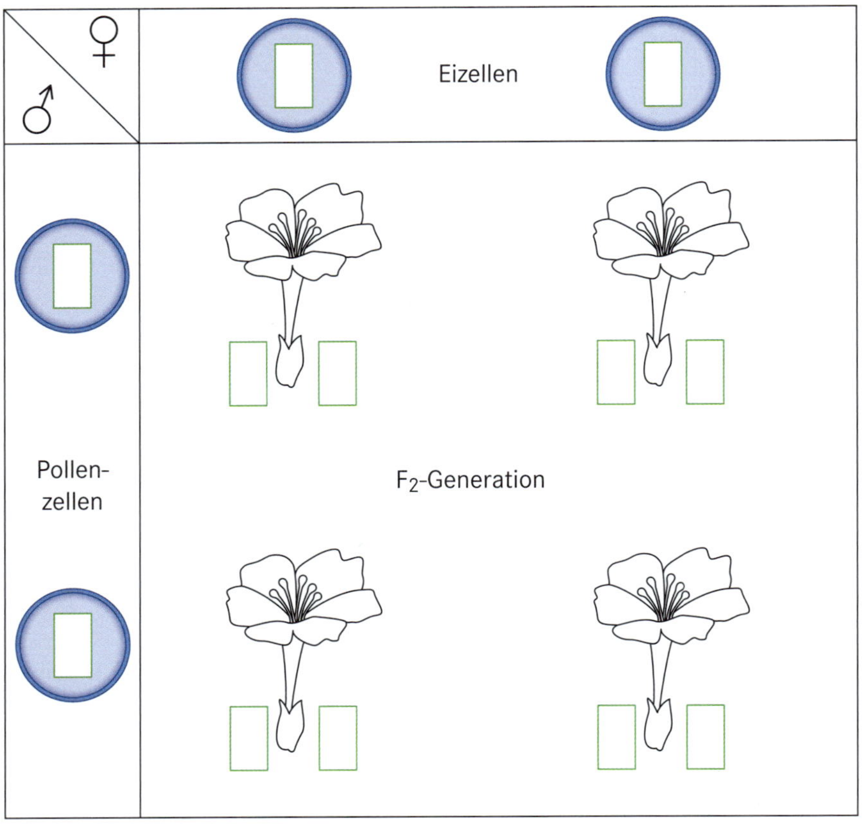

Ergebnis:

____

____

____

____

____

Name:	Klasse:	Datum:

82–96

6 **Die Ergebnisse wie in Aufgabe 5 entdeckte Mendel schon vor über hundert Jahren bei Kreuzungsversuchen an Pflanzen. Er erkannte, dass sich die Ergebnisse in der F2-Generation immer wieder ähnelten. Diesen Umstand hat er in seiner zweiten Regel formuliert. Vervollständigen Sie den Lückentext.**

2. Mendel'sche Regel

Kreuzt man zwei Pflanzen, die in einem Merkmal ______________________ sind, entstehen in der F_2-Generation Nachkommen, die untereinander ______________________ sind und in einem bestimmten Zahlenverhältnis ______________________. Daher bezeichnet man diese Regel auch als ______________________.

7 **Welches phänotypische und genotypische Ergebnis erhalten wir bei der Kreuzung der folgenden reinerbigen Erbsenpflanzen?**

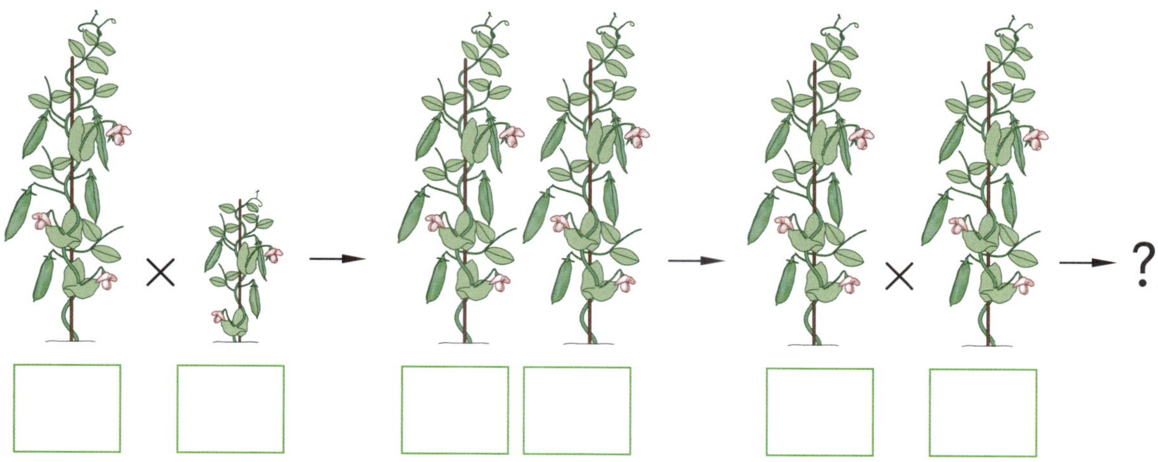

Erbgang:

♂ / ♀		

Ergebnis:

____

____

____

____

Name:	Klasse:	Datum:

8 **Folgende Erbsen werden miteinander gekreuzt: GG = gelbschalig, gg = grünschalig. Der Erbgang ist dominant-rezessiv.**

a) Stellen Sie den Erbgang mithilfe der unten stehenden Abbildung dar.

b) Malen Sie die Früchte mit den entsprechenden Farben aus bzw. nennen Sie die Farben.

c) Geben Sie das Verhältnis der phänotypischen Aufspaltung in der F_2-Generation an.

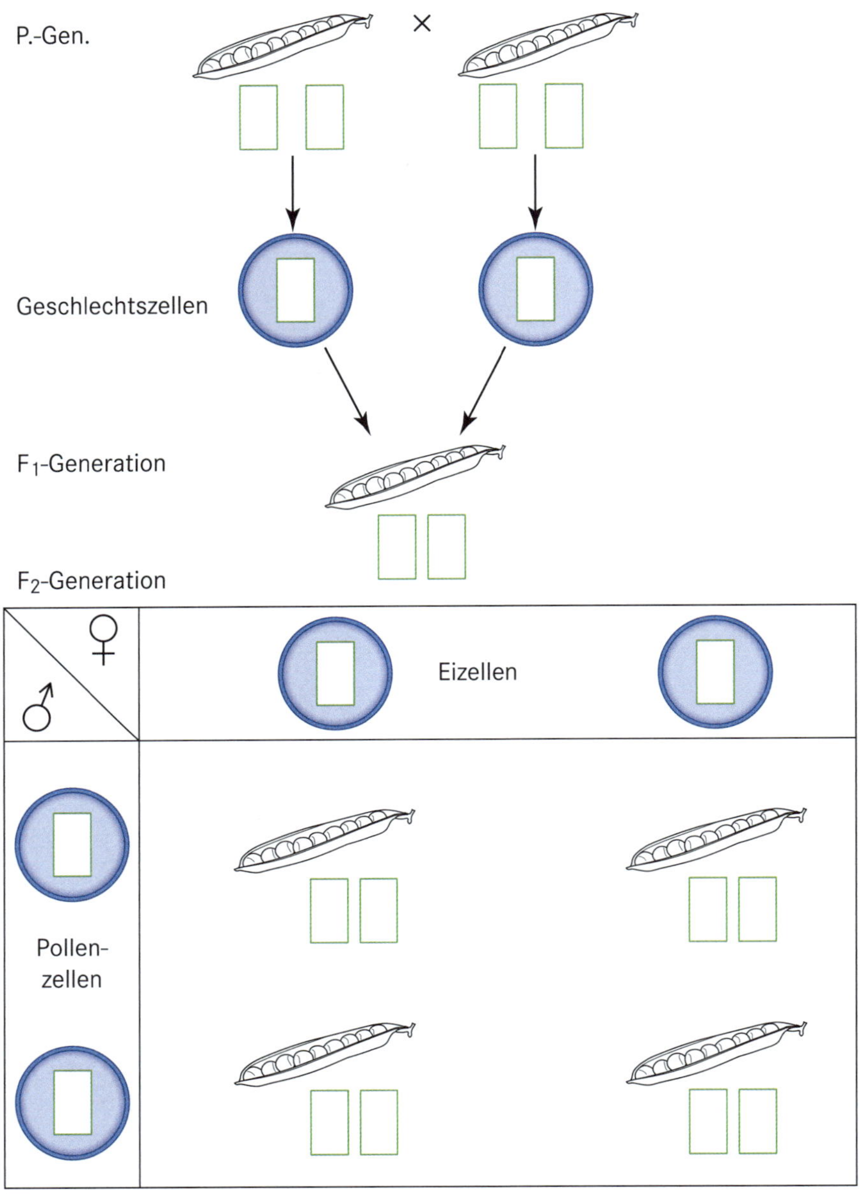

Ergebnis:

____

____

Name:	Klasse:	Datum:

9 **Erklären Sie die folgende Abbildung, indem Sie die Genotypen zuordnen.**

W = Gen für hohen Wuchs, w = Gen für niedrigen Wuchs

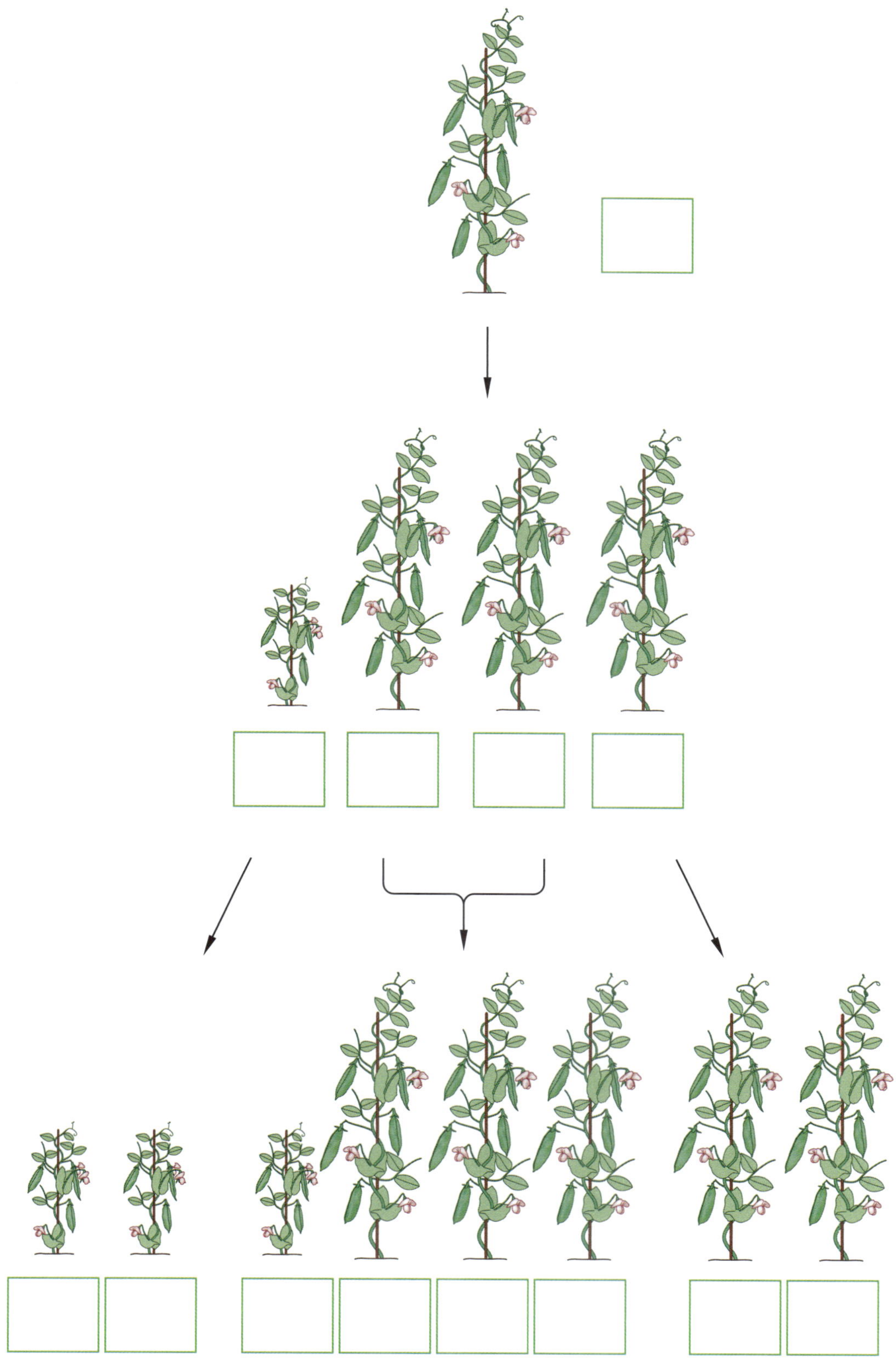

Name:	Klasse:	Datum:

10 Sie kreuzen zwei Erbsenrassen, die sich in zwei (!) Merkmalen unterscheiden:

G = gelbschalig, R = rundes Korn, g = grünschalig, r = kantiges Korn

P.-Gen.: GG RR x gg rr

a) Wie sieht die F_1-Generation genotypisch und phänotypisch aus, wenn es sich um einen dominant-rezessiven Erbgang handelt?

b) Wie ist die phänotypische Aufspaltung der F_2?

c) In der F_2 treten reinerbige (= homozygote) Neuzüchtungen auf. Wie sehen diese aus?

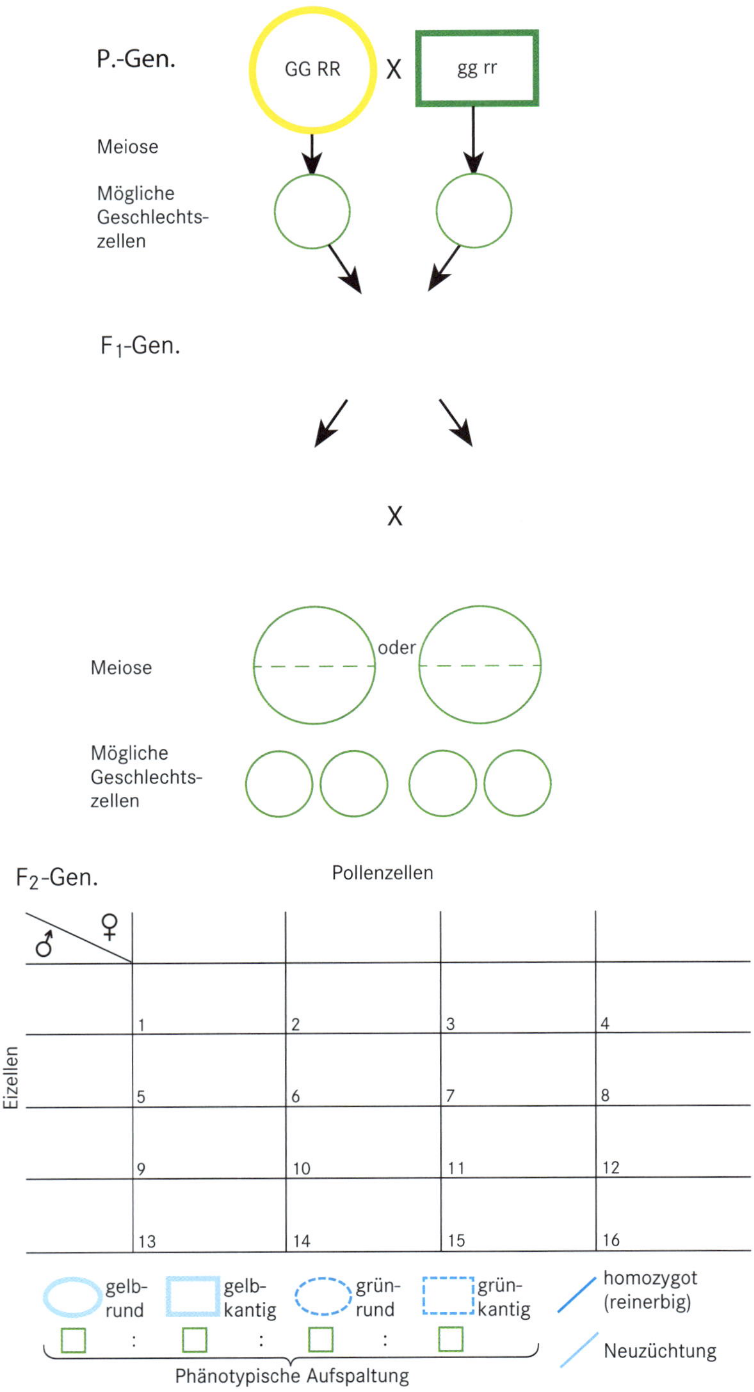

Name:	Klasse:	Datum:

Ergebnisse:

F_1-Gen.:

____

____

____

F_2-Gen.:

____

____

____

reinerbige Neuzüchtungen:

____

____

____

d) Die Ergebnisse in der F_2 zeigen, dass neben Pflanzen, die den Eltern und Großeltern gleichen, auch völlig neue Phänotypen auftreten.

- Wie ist dies möglich?

____

____

____

____

____

____

- Anhand derartiger Ergebnisse hat Mendel seine dritte Regel formuliert. Vervollständigen Sie den Lückentext.

3. Mendel'sche Regel

Kreuzt man zwei Pflanzen, die sich in mehr als ______________ Merkmal voneinander unterscheiden, so spalten die Erbanlagen ______________ voneinander auf und ______________ frei miteinander. Entsprechend wird die Regel auch als ______________ oder als ______________ von der ______________ Kombination der ______________ bezeichnet.

Name:	Klasse:	Datum:

11 **Beim Menschen sind braune Augen (B) über blaue Augen (b) dominant.**

a) Angenommen, der Vater hat braune und die Mutter hat blaue Augen, welche Augenfarbe könnten die Kinder haben? Erklären Sie Ihre Ergebnisse mithilfe der folgenden Kombinationsquadrate.

Vater reinerbig

♀ \ ♂		

Ergebnis:

Vater mischerbig

♀ \ ♂		

Ergebnis:

b) Warum können zwei blauäugige Eltern keine braunäugigen Kinder haben?

12 **Wie groß ist die Wahrscheinlichkeit, dass ein Mädchen (XX) oder ein Junge (XY) geboren wird?**

♀ \ ♂		

Name:	Klasse:	Datum:

13 **Weil alle Lebewesen wesentlich mehr Gene als Chromosomen besitzen – so besitzt der Mensch in jeder Körperzelle 46 Chromosomen, aber etwa 22 500 Gene – müssen sich auf einem Chromosom sehr viele Gene befinden. Gene, die sich auf einem Chromosom befinden, werden als gekoppelt bezeichnet.**

a) Es wird eine graue Taufliege mit langen Flügeln mit einer schwarzen Taufliege mit kurzen Flügeln gekreuzt. Die Merkmale Farbe und Flügellänge befinden sich auf einem Chromosom. Die Farbe Grau (G) und die Flügellänge langflügelig (L) werden dominant, die Farbe Schwarz (g) und die Flügellänge kurzflügelig (l) werden rezessiv vererbt. Stellen Sie den Erbgang bis zur F_2 dar.

<u>Merke:</u> Gekoppelte Gene werden übereinandergeschrieben.

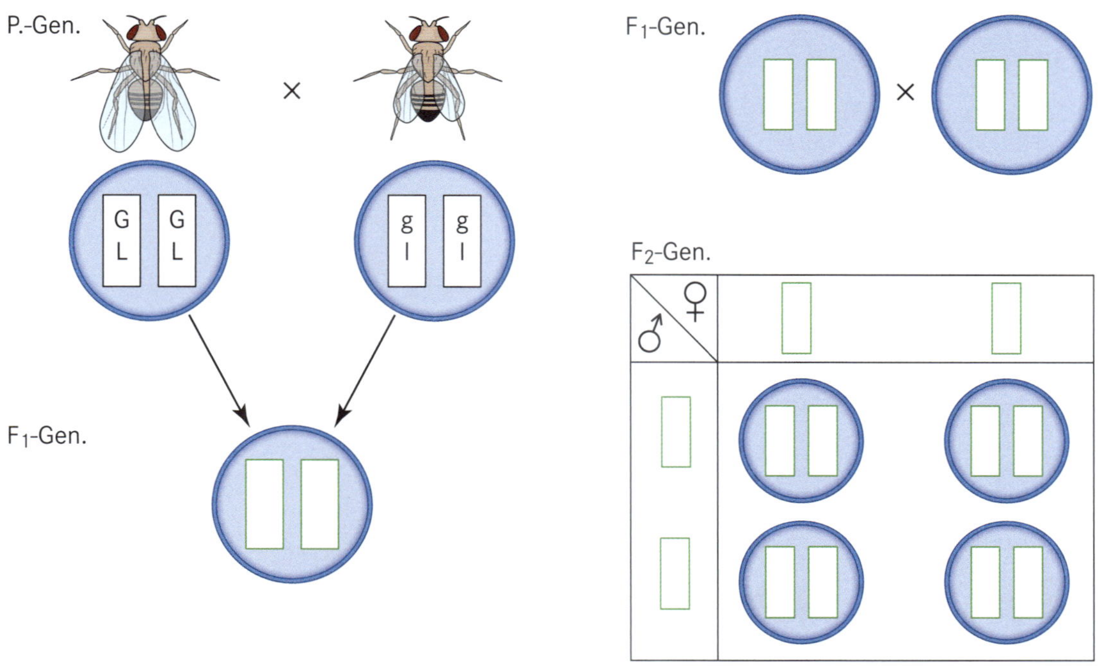

b) Laut der 3. Mendel'schen Regel müssten Sie in der F_2-Generation vier verschiedene Phänotypen im Verhältnis 9 : 3 : 3 : 1 erhalten. Wie viele Phänotypen entstehen aber in Wirklichkeit?

____

____

____

____

Name:	Klasse:	Datum:

c) Begründen Sie das Ergebnis.

d) Bei der Rückkreuzung einer Fliege aus der F_1 mit einer schwarzen, kurzflügeligen Fliege erhielt man folgende Phänotypen unter den Nachkommen:

- 41,5 % grau, langflügelig
- 41,5 % schwarz, kurzflügelig
- 8,5 % grau, kurzflügelig
- 8,5 % schwarz, langflügelig

Erklären Sie das Ergebnis mithilfe der folgenden Abbildung:

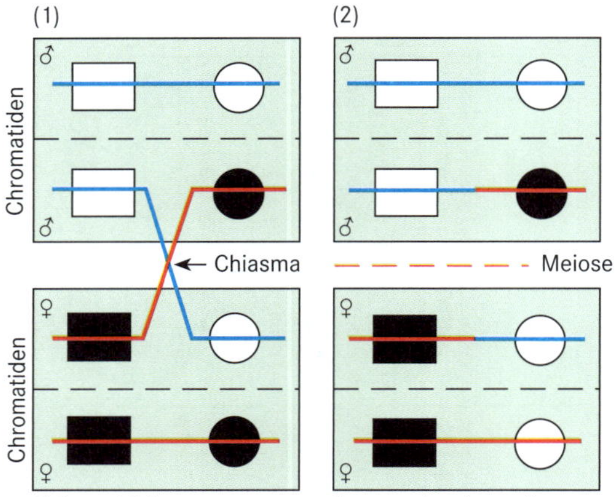

(1) Chiasmabildung

(2) Austausch gekoppelter Gene zwischen väterlichen und mütterlichen homologen Chromosomen

e) Welche Bedeutung hat das Crossing-over?

Name:	Klasse:	Datum:

DNA-Replikation = Verdoppelung der genetischen Information

1 **1953 entdeckten Francis Crick und James Watson den molekularen Aufbau der DNA (Desoxyribonukleinsäure), der genetischen Information. Sie erkannten, dass die DNA aus einem langen um sich selbst gedrehten Doppelfaden (= Doppelhelix) besteht. Die Basen der DNA – von denen es vier verschiedene gibt – paaren sich so, dass sie wie die Sprossen einer Strickleiter zwischen zwei geschraubten, gegenläufigen Strängen aus Phosphat und Zucker (Desoxyribose) angeordnet sind.**

a) Beschriften Sie die DNA (Abbildung rechts) nach folgendem Muster:

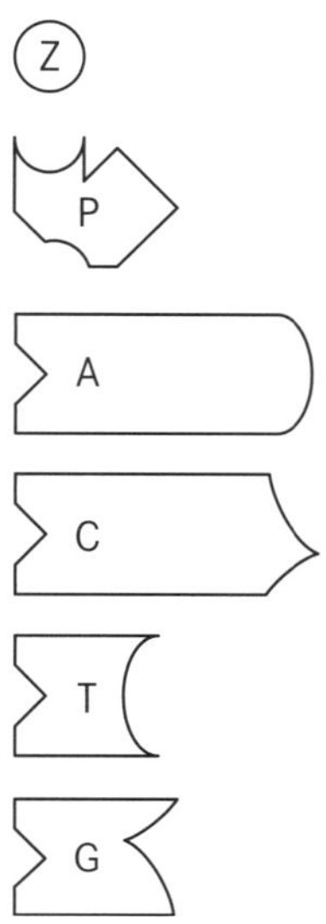

Z = Zucker

P = Phosphat

A = Adenin

C = Cyostin

T = Thymin

G = Guanin

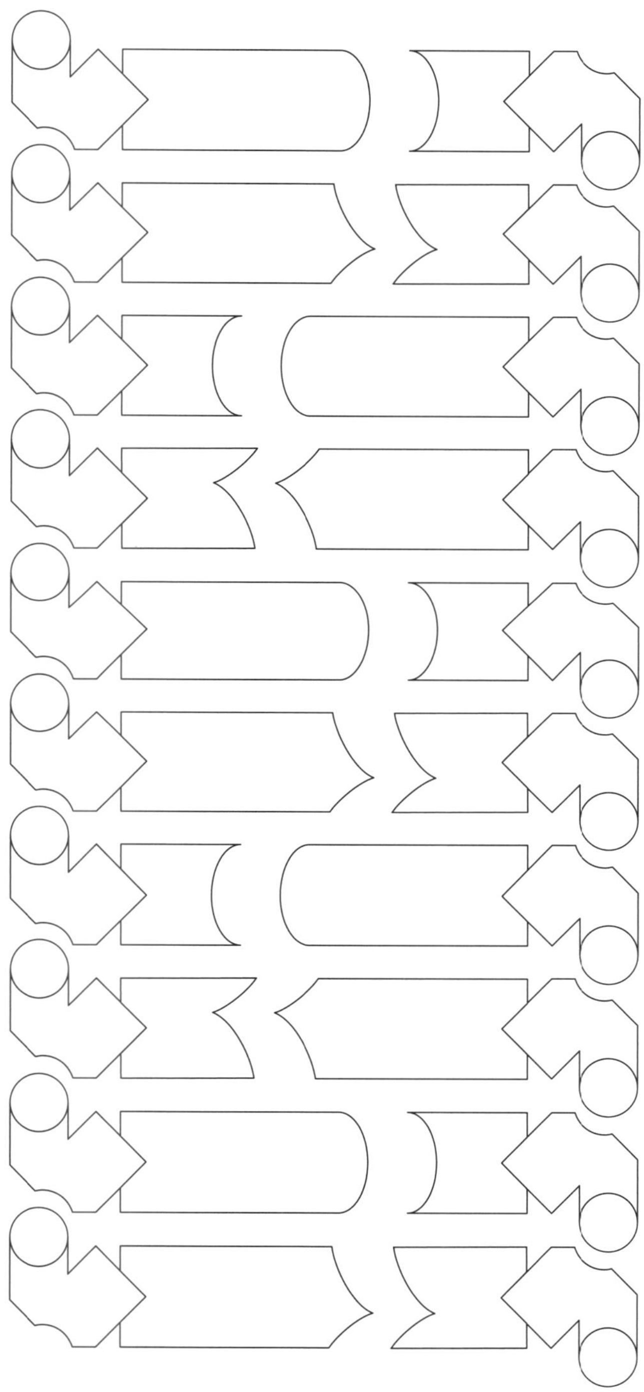

b) Welche Basen bilden Basenpaare?

____

____

____

____

c) Die Bausteine der DNA sind die Nukleotide. Aus welchen drei Teilen bestehen sie?

____

____

____

____

____

Name:	Klasse:	Datum:

82–96

2 **Die Mitose führt nicht nur zur Vermehrung der Zellen, sondern auch zur Bildung genetisch identischer Zellen. Entsprechend muss es vor der Zellteilung, in der Interphase, zur Verdoppelung der genetischen Information kommen. Dazu trennt sich der Doppelstrang der DNA wie mit einem Reißverschluss auf. Die nun frei liegenden Einzelstränge ergänzen sich so, dass es zu einer identischen Verdoppelung der DNA (identische Replikation) kommt.**

a) Ergänzen Sie zunächst im Bild 2 die fehlenden Basen.

b) Zeichnen Sie nun in Bild 3 und 4 zu den ursprünglichen Strängen (gelb markiert) die neu entstehenden Stränge und ergänzen Sie jeweils die passenden (komplementären) Basen.

1

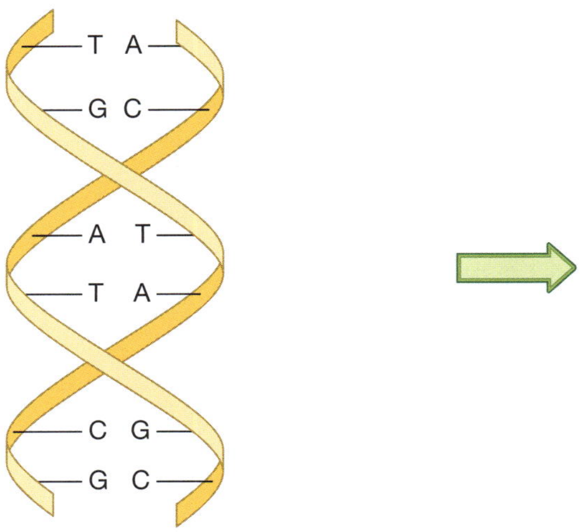

DNA

2

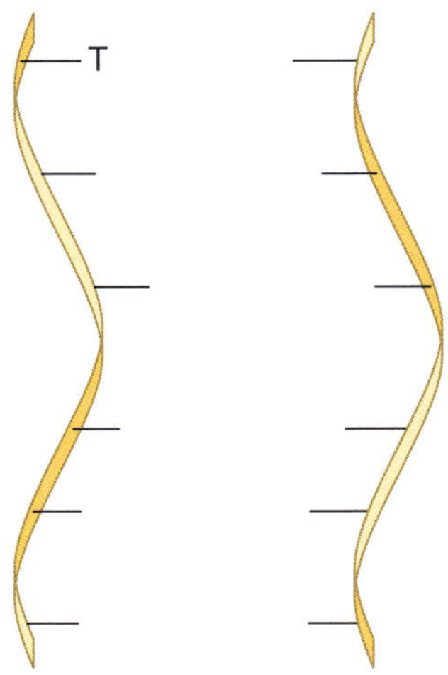

getrennte DNA-Stränge

3

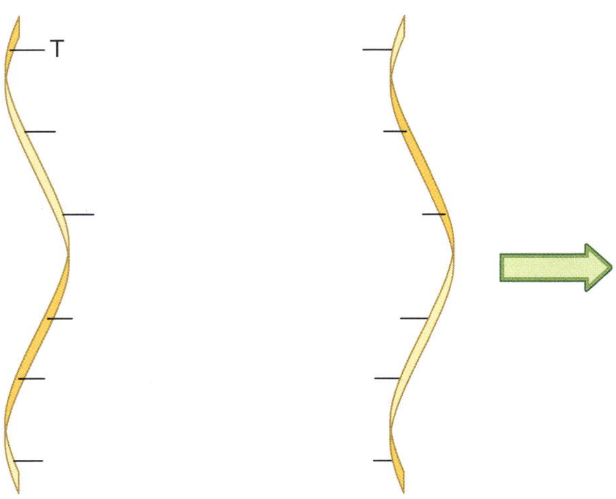

Es bilden sich neue komplementäre Stränge. Originalstränge dienen dabei als Vorlage.

4

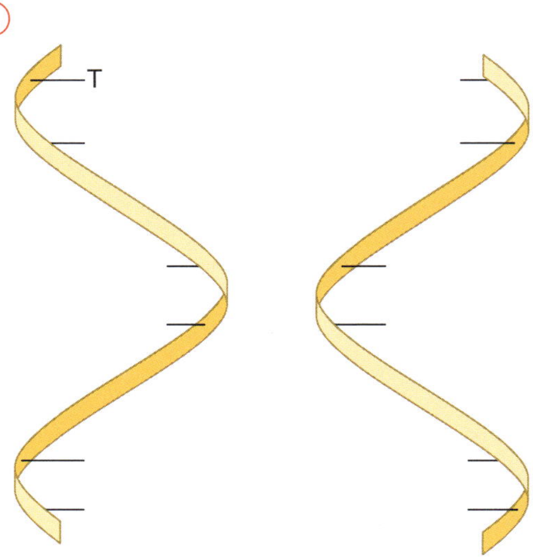

Verdoppelung der DNA abgeschlossen.

Name:	Klasse:	Datum:

Umsetzung der genetischen Information in Merkmale

1 Vervollständigen Sie den Lückentext.

Die einzelnen ________________ der DNA können als „Buchstaben" bezeichnet werden. Die Reihenfolge der Basen (= ____________________________) bestimmt somit die ________________________ ________________, die in __________________________ Form, z. B. AACTGC, vorliegt. Ein mehr oder weniger langer Abschnitt, der eine sinnvolle Information ergibt, stellt ein ______________ dar. Das genetische Alphabet besteht somit aus _______________ Buchstaben.

2 Die Umsetzung der genetischen Information in Merkmale erfolgt durch die Synthese von Eiweißen, sogenannten Funktionseiweißen oder Enzymen. Für ihre Produktion benötigen die „Eiweißfabriken", die Ribosomen, eine Bauanleitung. Da die DNA aus Sicherheitsgründen den Zellkern nicht verlässt, wird eine Kopie des betreffenden Gens (DNA-Abschnitt, der eine sinnvolle Information ergibt) hergestellt (= Transkription). Dazu trennt sich der Doppelstrang der DNA wie mit einem Reißverschluss auf.

a) Die Bausteine der DNA, die Nukleotide, bestehen aus Zucker, Phosphat und einer Base. Phosphat verkettet die C_5-Zucker-Moleküle (Desoxyribose), indem sie an das 3'C-Atom sowie an das 5'C-Atom des nachfolgenden Zuckers binden. Jeder DNA-Einzelstrang hat somit ein 5'-Ende und ein 3'-Ende. Weil die beiden Einzelstränge der DNA gegenläufig sind, liegen sich jeweils 3'- und 5'-Ende der Einzelstränge gegenüber.
Die DNA-Einzelstränge werden nur von 3' nach 5' gelesen (= codogener Strang), sodass der neue Einzelstrang in 5'- → 3'-Richtung aufgebaut wird.

Zeichnen Sie die RNA, auch messenger-RNA (m-RNA) genannt, ein.

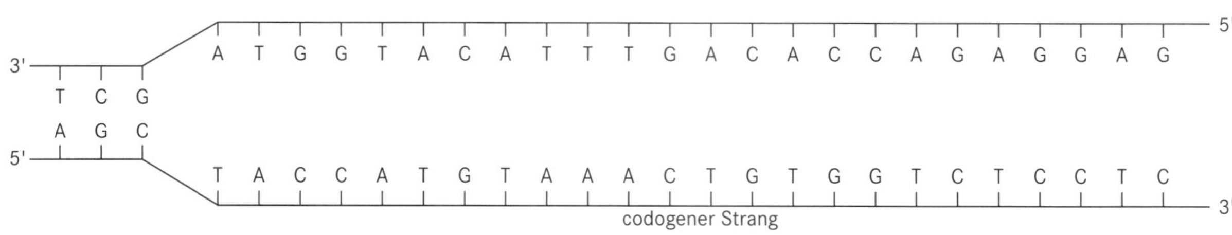

b) Die entstehende Kopie bezeichnet man als RNA (= Ribonukleinsäure) oder auch messenger-RNA (m-RNA). Worin unterscheiden sich DNA und RNA?

DNA (Desoxyribonukleinsäure)	RNA (Ribonukleinsäure)

Name:	Klasse:	Datum:

3 Der folgende Text zeigt einen Abschnitt der m-RNA. Wie lautet der entsprechende Abschnitt des codogenen Strangs?

m-RNA

5′ ... U U A G U U U C U G C G U U U C G A U A A C G U ... 3′

4 Der folgende Text zeigt einen Abschnitt des <u>nicht</u> codogenen Strangs. Wie lautet der entsprechende m-RNA-Abschnitt?

nicht codogener Strang

5′ ... C C A C T A C A C C T T A A C T G T A C G G G A ... 3′

5 Die Kopie der DNA, die RNA (= m-RNA), verlässt den Zellkern und wandert zu den Ribosomen, den „Eiweißfabriken" der Zelle. Die Ribosomen produzieren gemäß der genetischen Information (Basensequenz) die Eiweiße. Dabei bilden jeweils drei Basen (ein Triplett = Codon) den genetischen Code für die Bildung einer Aminosäure. Stellen die Basen „Buchstaben" dar, kann man die Basentripletts als „Worte" bezeichnen. Passend zum genetischen Code der m-RNA koppeln sich bestimmte Transport-RNA (t-RNA) an, die an ihren Enden Aminosäuren aus dem Zellplasma herbeischaffen. Die Aminosäuren, die sich zu langen Ketten verbinden, sind die Bausteine der Eiweiße.

Name:	Klasse:	Datum:

a) Ergänzen Sie in der Abbildung unten die fehlenden Basen an den t-RNA.

b) Erstellen Sie anschließend mithilfe der Code-Sonne die **Aminosäure-Sequenz** des entstehenden Proteins.

c) Im Zellplasma schwimmen weitere t-RNA mit den Anticodons AAA, GGA, CUG. Welche Aminosäuren können diese transportieren.

____

____

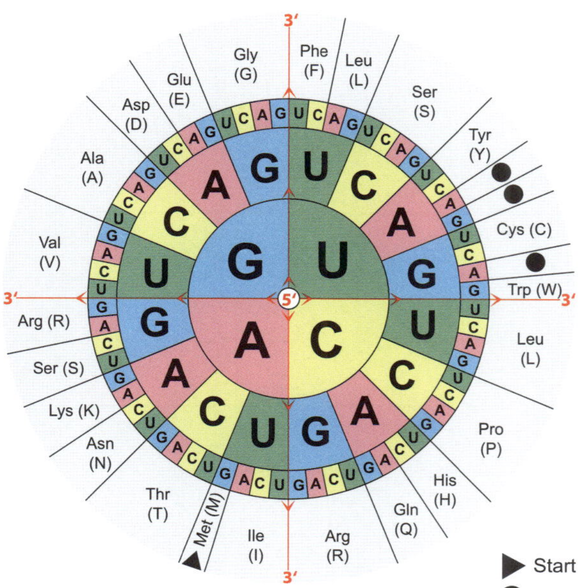

Die **Code-Sonne** dient der Übersetzung der Codone der m-RNA in Aminosäuren. Sie wird immer von innen (5') nach außen gelesen.

Beispiel: AGU steht z. B. für die Aminosäure Serin.

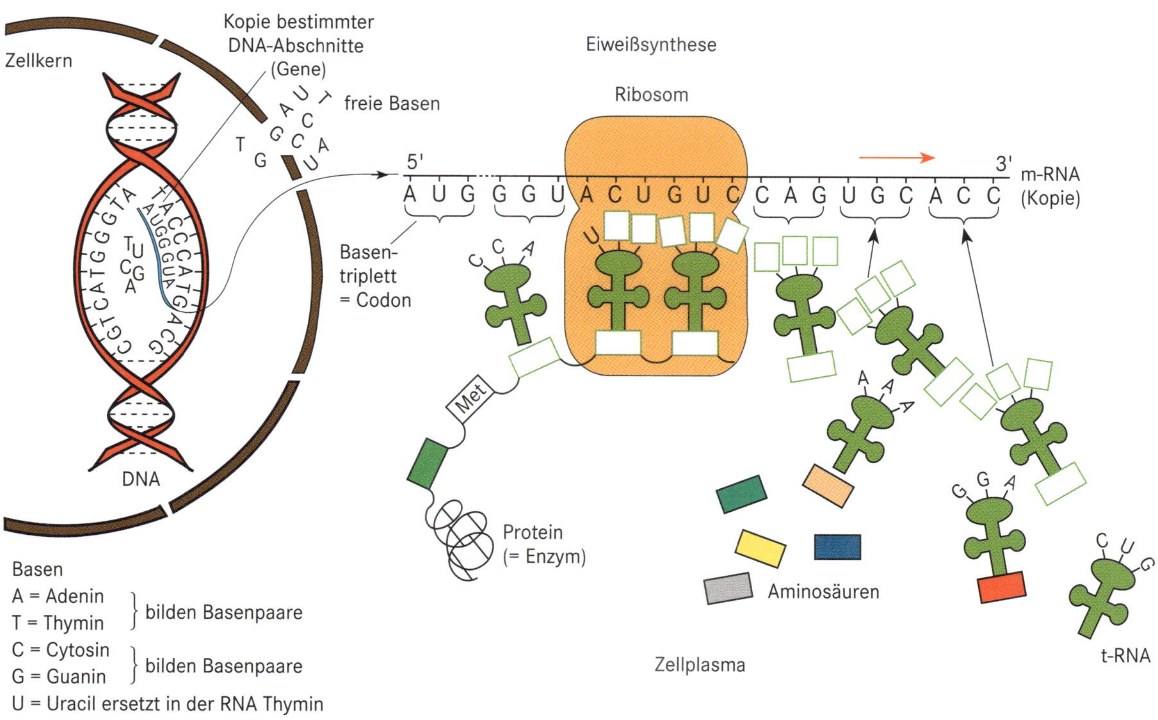

Aminosäure-Sequenz: ____

Name:	Klasse:	Datum:

6 **Die Kombinationsmöglichkeiten der vier Basen U, C, A und G macht 64 Codons (4^3) möglich. Da es aber nur 20 verschiedene Aminosäuren gibt, codieren verschiedene Codons die gleichen Aminosäuren. Zudem gibt es Stopp-Codons, die als Stoppsignale fungieren, eine Botschaft also beenden, sowie Starter-Codons, ab denen die genetische Information gelesen wird.**

a) Wie heißt immer das erste „Wort" der m-RNA und welches sind die Stopp-Codons?

____

____

b) In der folgenden Tabelle sind die 20 Aminosäuren aufgeführt. Tragen Sie mithilfe der Code-Sonne (siehe Seite 141) die dazugehörigen Codons ein.

Alanin	Ala	
Arginin	Arg	
Asparagin	Asn	
Asparaginsäure	Asp	
Cystein	Cys	
Glutamin	Gln	
Glutaminsäure	Glu	
Glycin	Gly	
Histidin	His	
Isoleucin	Ile	
Leucin	Leu	
Lysin	Lys	
Methionin	Met	
Phenylalanin	Phe	
Prolin	Pro	
Serin	Ser	
Threonin	Thr	
Tryptophan	Trp	
Tyrosin	Tyr	
Valin	Val	

Name:	Klasse:	Datum:

7 **Der unten stehende Abschnitt zeigt den nicht abgelesenen (nicht codogenen) Strang der DNA. Erstellen Sie dazu:**

a) den entsprechenden Abschnitt des codogenen Strangs,

b) die komplementäre m-RNA und

c) die zugehörigen Aminosäuren.

nicht codogener Strang

5′ ... T C A G T A A C T C C A A G G G A T T A G ... 3′

a) ____

____

b) ____

____

c) ____

____

____

____

____

____

____

8 **Erklären Sie auf der folgenden Seite die unten stehende Abbildung.**

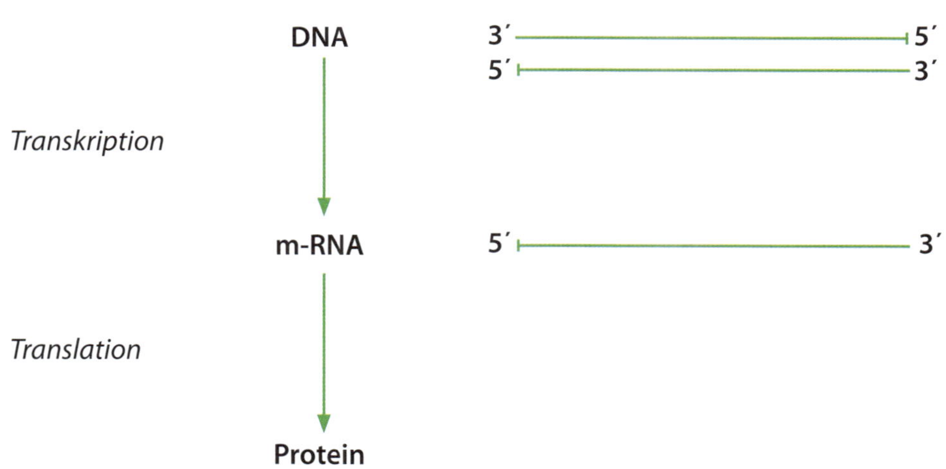

Name:	Klasse:	Datum:

9 **Verbinden Sie die Abbildungen durch einen Pfeil mit dem jeweils zutreffenden Begriff.**

m-RNA

Ribosom

Gen

DNA

Name:	Klasse:	Datum:

Pflanzenzüchtung

1 **Nennen Sie drei mögliche Zuchtziele in der Pflanzenzüchtung.**

2 **Ordnen Sie die nachfolgend genannten Züchtungsverfahren den unten stehenden Beschreibungen zu:**

Auslesezüchtung – Kreuzungszüchtung – Mutationszüchtung

Der Züchter versucht, Merkmale, die sich auf verschiedenen Pflanzen befinden, auf einer Pflanze zu vereinen.

Zur Erzielung zusätzlicher Genotypen werden Veränderungen in der Erbsubstanz ausgelöst.

Sie stellt die älteste Form der Züchtung dar. Sie begann etwa 10 000 Jahre v. Chr., als die Menschen allmählich sesshaft wurden.

3 **Welchen wesentlichen Vor- und Nachteil hat die Auslesezüchtung?**

4 **Was ist ein Artbastard?**

Name:	Klasse:	Datum:

5 **Bei der Kreuzungszüchtung kann man zwischen a) Kombinations- und b) Hybridzüchtung unterscheiden. Worin unterscheiden sich die beiden Verfahren?**

____

____

____

____

____

6 **Worin liegen die Vorteile von F_1-Hybriden (F_1-Saatgut):**

a) für den Züchter und

b) für den Gärtner?

____

____

____

____

____

7 **Entscheiden Sie, ob es sich um eine Mutation oder um eine Modifikation handelt.**

Sachverhalt	**Mutation**	**Modifikation**
rotblättrige Formen von Haselnuss, Ahorn, Buche, Holunder, Erle, Flieder		
Nährstoffmangelsymptome		
Vergeilen (Etiolieren) von Pflanzen		
Trauerformen von Weide, Esche, Birke, Ulme oder Buche		
Veränderung des Genotyps		
Veränderung des Phänotyps		
vererbbar		
nicht vererbbar		

Name:	Klasse:	Datum:

8 Warum wirken sich Mutationen in der Regel negativ auf das betroffene Lebewesen aus?

9 Was hat die folgende Pflanze mit der Mutationszüchtung zu tun?

10 Worin liegt die Bedeutung der Polyploidie bei Nutzpflanzen?

11 Erklären Sie, warum man vor allem unter extremen Lebensbedingungen besonders viele polyploide Pflanzen findet.

Name:	Klasse:	Datum:

12 **Lösen Sie das Kreuzworträtsel zur Pflanzenzüchtung. Umlaute werden getrennt geschrieben (z. B. Ä = AE), ß wird als SS geschrieben.**

1.	Kreuzungsprodukt zweier verschiedener Arten, z. B. Nektarine oder Maultier
2.	eine Grenze in der Natur, die dafür sorgt, dass sich nur Lebewesen einer Art untereinander geschlechtlich fortpflanzen können
3.	Züchtungsverfahren, bei dem aus einem vorhanden Pflanzenbestand Pflanzen zur Fortpflanzung ausgelesen oder ausgeschlossen werden
4.	ein Lebewesen, das aus genetisch unterschiedlichen Körperzellen besteht

5.	das Gift der Herbstzeitlosen (Colchicum autumnale)
6.	Maßnahmen, z. B. negative Massenauslese, zur Erhaltung vorhandener Sorteneigenschaften
7.	Phänomen, dass nach Kreuzungen die F_1-Hybriden ihre Eltern an Wüchsigkeit und anderen Leistungseigenschaften stark übertreffen; Effekt verschwindet in den nachfolgenden Generationen
8.	Pflanze, die aus einer Kreuzung hervorgegangen ist

9.	Kreuzung von eng verwandten Lebewesen
10.	Kreuzungszüchtung, die nicht auf Reinerbigkeit ausgerichtet ist
11.	Kreuzungszüchtung auf Reinerbigkeit
12.	durch Umwelteinflüsse bedingte, nicht erbliche Veränderung des Phänotyps
13.	Stoffe, die Mutationen auslösen können
14.	ein Lebewesen, das eine Mutation aufweist
15.	plötzlich auftretende Veränderung in der Erbsubstanz
16.	die künstliche Auslösung von Mutationen zur Erzielung zusätzlicher Genotypen
17.	Vervielfachung des Chromosomensatzes
18.	erhält ein Züchter auf Antrag für eine neue Sorte
19.	phänotypische Veränderung an Pflanzenteilen infolge von Mutationen im Pflanzengewebe

Name:	Klasse:	Datum:

Evolution

1 Im Schaubild unten sind Phasen der Evolution dargestellt

a) Ordnen Sie die folgenden erdgeschichtlichen Zeiträume in das Schaubild ein:

vor 13,7 Mrd. Jahren – vor 6 Mrd. Jahren – vor 4,6 Mrd. Jahren – vor 3,5 Mrd. Jahren – vor 2 Mrd. Jahren – vor 185 Mio. Jahren – vor 125 Mio. Jahren – vor 115 Mio. Jahren – vor 225 000 Jahren – vor 200 000 Jahren

b) Bringen Sie anschließend die Ereignisse in die richtige Reihenfolge, indem Sie die Kreise von 1 (Beginn) bis 10 durchnummerieren.

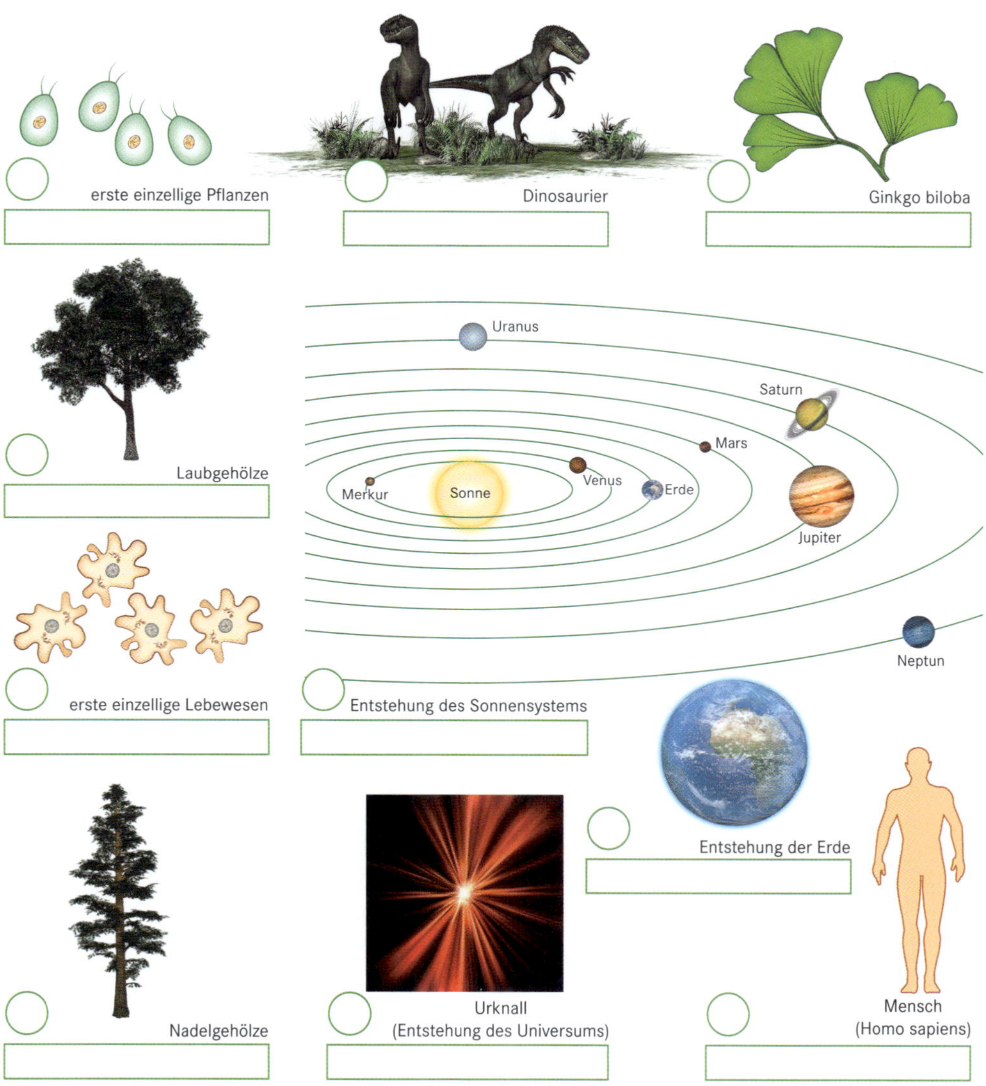

2 Was versteht man unter Evolution?

____

____

Name:	Klasse:	Datum:

3 **Charles Darwin (1809 bis 1882) gilt als Begründer der modernen Evolutionstheorie (1859). Bereits ein halbes Jahrhundert vor Darwin, 1809, veröffentlichte der Franzose Jean-Baptiste de Lamarck (1744 bis 1829) eine Evolutionstheorie. Nachfolgend sehen Sie beide Theorien (links Lamarck, rechts Darwin) am Beispiel von Giraffen dargestellt.**

Jean Baptiste de Lamarck
1744 bis 1829

Charles Darwin
1809 bis 1882

a) Welche Vorstellung hatten die Menschen zu Zeiten Lamarcks/Darwins von der Entstehung der Lebewesen?

____

____

____

____

Name:	Klasse:	Datum:

b) Vergleichen Sie die Theorien Lamarcks und Darwins am Beispiel der Giraffen. Nennen Sie in der oberen Tabellenspalte die bestehenden Übereinstimmungen. Zählen Sie in den beiden unteren Tabellenspalten Unterschiede in den Theorien auf.

Lamarck	Darwin

c) Worin liegt die Bedeutung der darwinschen Erkenntnisse?

____

____

____

____

____

Name:	Klasse:	Datum:

4 **Umweltfaktoren, die dafür sorgen, dass manche Organismen eher überleben als andere, üben einen Selektionsdruck aus. Wodurch erfolgt in den nachfolgend dargestellten Beispielen der Selektionsdruck?**

a)

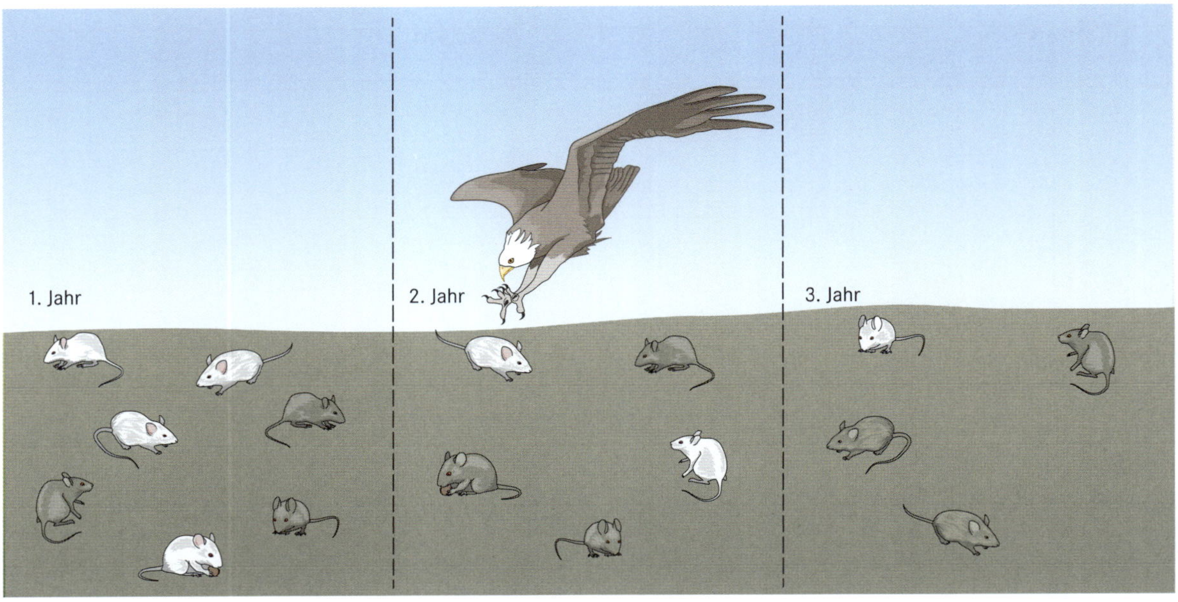

____

____

b)

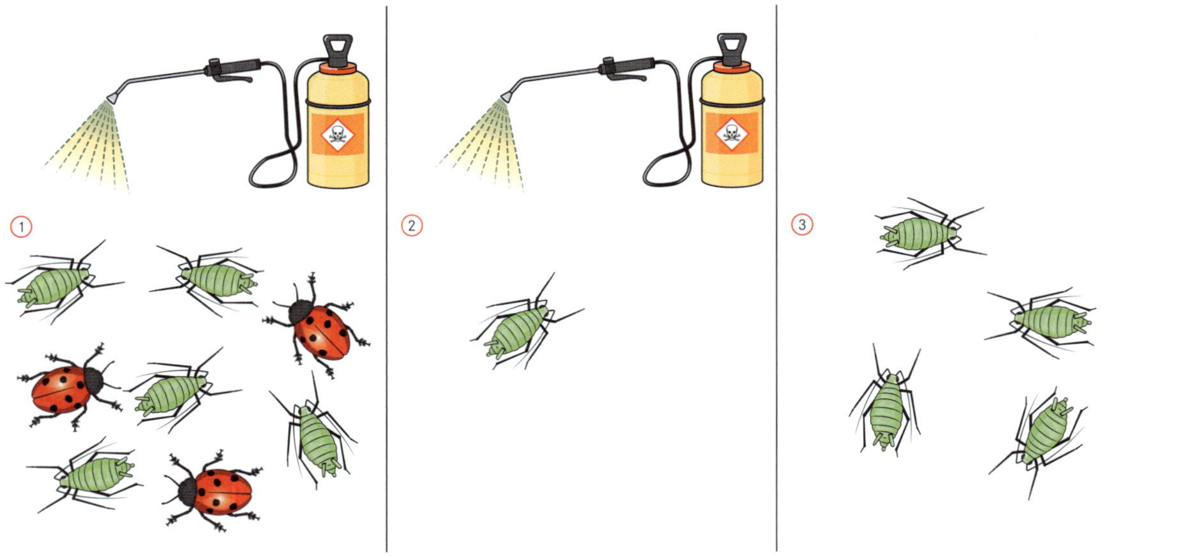

____

____

____

____

Name:	Klasse:	Datum:

5 **Je größer die genetische Variabilität einer Art, desto größer sind ihre Überlebenschancen.**

a) Erklären Sie dies.

b) Welche Mechanismen sind die Ursachen für die genetische Variabilität?

6 **Warum gibt es, abgesehen von eineiigen Zwillingen, keine genetisch identischen Menschen auf der Erde?**

7 **Welche Vorteile hat die sexuelle Vermehrung im Hinblick auf die Evolution?**

Name:	Klasse:	Datum:

8 **Was versteht man unter einer Mutation?**

9 **Wie bezeichnet man die folgenden Mutationen?**

Veränderung der Basensequenz eines Gens	
Veränderung der Basensequenz eines Chromosoms	
Vervielfachung des Chromosomensatzes	

10 **Erklären Sie, warum man unter extremen Lebensbedingungen besonders viele polyploide Pflanzen findet.**

Name:	Klasse:	Datum:

Systematik

1 Womit beschäftigt sich die Systematik?

____

____

2 Wer gilt als Begründer der modernen Pflanzensystematik?

____

3 Um eine Ordnung in die Vielfalt der Lebewesen zu bringen, fasst man sie nach ihrem Verwandtschaftsgrad in Gruppen zusammen.

a) Ordnen Sie zunächst die folgenden Verwandtschaftsgrade so in die unten stehende Tabelle ein, dass von oben nach unten der Grad der Verwandtschaft zunimmt:

Abteilung – Art – Familie – Gattung – Klasse – Ordnung

b) Ordnen Sie nun die Hundsrose (*Rosa canina*) mit ihren Verwandtschaftsgraden ein.

Verwandtschaftsgrad	**Hundsrose**	
	lateinische Bezeichnung	**deutsche Bezeichnung**

4 Um welche Verwandtschaftsgrade handelt es sich?

Cactaceae	
Monokotyledoneae	
Magnoliales	
Bromeliaceae	

Name:	Klasse:	Datum:

96–110

5 **Was ist eine Art?**

6 **Was versteht man unter der binären Nomenklatur und wozu dient diese?**

7 **Wie lautet der Artname der Sonnenblume?**

8 **Woraus besteht der vollständige Name einer Sorte?**

9 **Welche Bedeutung haben folgende Bezeichnungen?**

spezies (sp.)	
subspezies (subsp.)	
varietas (var.)	
forma (fo.)	
cultivar (cv.)	

Name:	Klasse:	Datum:

10 **Artbezeichnungen von Pflanzen können häufig Auskunft über ihre Herkunft, Eigenschaften und Verwendungsmöglichkeiten geben. Welche Bedeutungen haben die folgenden Artbezeichnungen?**

Artbezeichnung	Bedeutung	Pflanzenbeispiel (bot. Name)	Deutscher Name
erecta			
horizontalis			
pendula			
nigra			
alba			
repens			
coccineus			
globosum			
vulgaris			
macrophylla			
multiflora			
praecox			
pratensis			
tremulus			

Name:	Klasse:	Datum:

11 Nachfolgend sind häufig verwendete botanische Zeichen aufgeführt. Welche Bedeutung haben diese?

⊙				ψ	
		⌓			
♃		△		Λ	

♄					

×				Ⓝ	
				▽	
				*	

[1] Das Washingtoner Artenschutzübereinkommen (kurz CITES, *Convention on International Trade in Endangered Species of Wild Flora and Fauna)*, 1973 in Washington ausgehandelt, regelt den internationalen Handel mit wild lebenden Tier- und Pflanzenarten.

Name:	Klasse:	Datum:

12 Ordnen Sie entsprechend den verwandtschaftlichen Beziehungen die folgenden Begriffe in das unten stehende Schaubild ein:

Bakterien – Bedecktsamer – Einkeimblättrige Pflanzen – Eukaryonten – Farne – Flechten – Grünalgen – Moose – Nacktsamer – Pflanzen – Pilze – Prokaryonten – Protisten – Samenpflanzen – Schleimpilze – Tiere – Urbakterien – Zweikeimblättrige Pflanzen

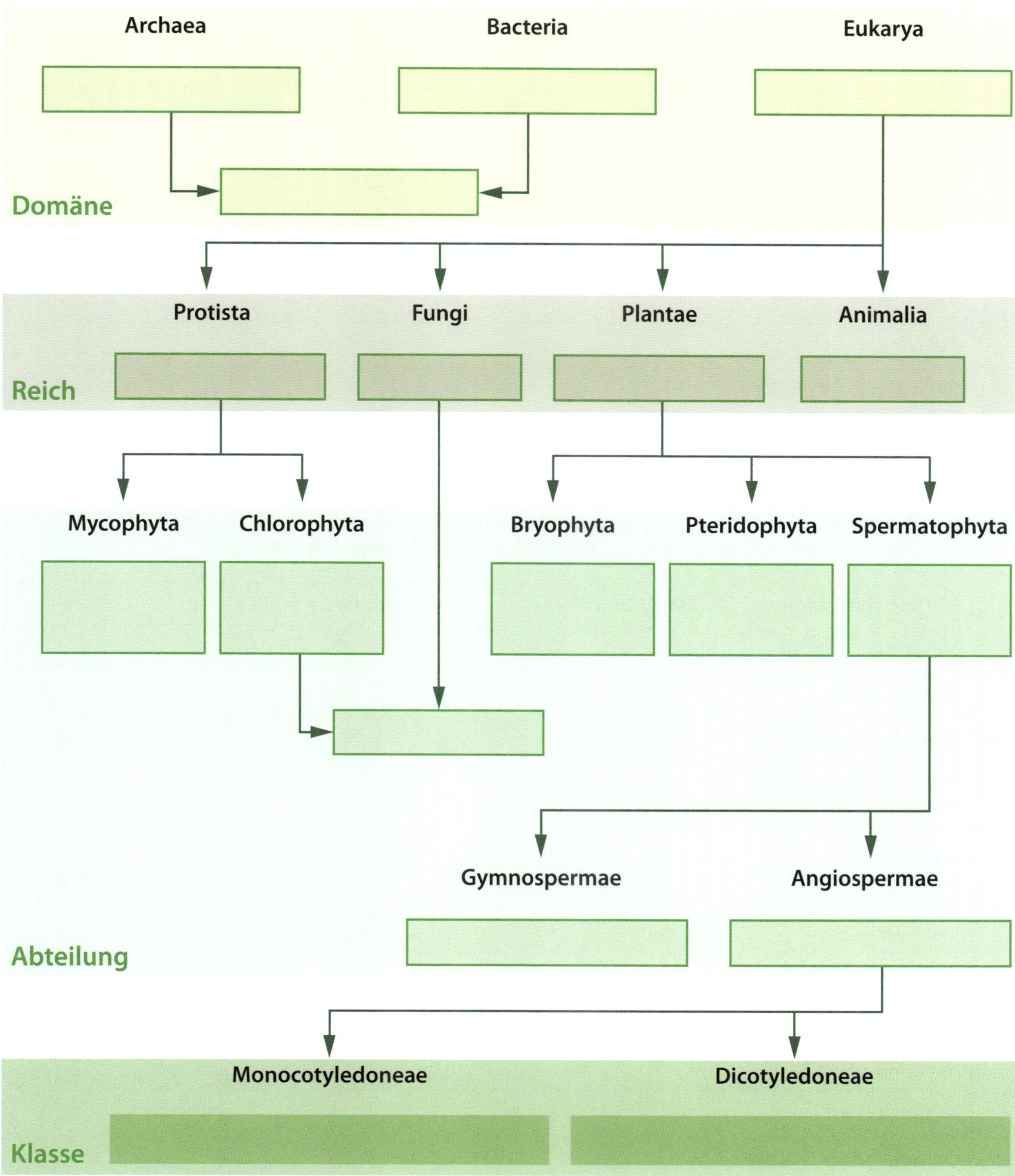

Name:	Klasse:	Datum:

13 **Unterscheiden Sie Pflanzen, Pilze und Tiere nach den folgenden Merkmalen. Kreuzen Sie das Zutreffende an.**

Merkmale	Pflanzen	Pilze	Tiere
autotroph			
heterotroph			
mineralische Nährstoffaufnahme			
organische Nahrung			
Nährstoffspeicherung in Form von Stärke			
Nährstoffspeicherung in Form von Glykogen (tierische Stärke)			
Vakuolen			
Zellwände			
Zellwand aus Cellulose			
Zellwand aus Chitin			

14 **Pflanzen mit ähnlichem Blütenaufbau werden einer Familie zugeordnet. Geben Sie den deutschen Namen an und ordnen Sie die Pflanzen den richtigen Familien zu.**

Botanischer Name	Deutscher Name	Familie
Helianthus annuus		
Daucus carota		
Convallaria majalis		
Clematis vitalba		
Taraxacum sect. Ruderalia		
Brassica oleracea var. sabellica		
Tulipa Garten-Tulpen		
Phaseolus vulgaris		
Solanum tuberosum		
Malus domestica		
Delphinium-Hybriden		

Name:	Klasse:	Datum:

15 Nachfolgend sind einige der über 300 Pflanzenfamilien aufgeführt.

a) Ordnen Sie zunächst die genannten Pflanzenfamilien den Kennzeichen in der unten stehenden Tabelle zu. Mehrfachnennungen sind möglich.

Doldengewächse – Korbblütler – Kreuzblütler – Liliengewächse – Lippenblütler – Nachtschattengewächse – Orchideen – Rosengewächse – Schmetterlingsblütler – Storchschnabelgewächse – Wolfsmilchgewächse

b) Ordnen Sie nun den deutschen Familiennamen die botanischen Bezeichnungen zu.

Kennzeichen	Familie (deutsch)	Familie (lateinisch)
Laubblätter sind häufig gefiedert; Hülsenfrüchtler; leben mit Knöllchenbakterien in einer Symbiose		
bei einigen Arten farbig ausgebildete Hochblätter; enthalten einen giftigen, weißen Milchsaft		
große, häufig gefärbte Blütenblätter, zahlreiche Staubblätter und mehrere Fruchtblätter; bei Steinobstarten nur ein Fruchtblatt		
fünfzählige Kelch- und Blütenblätter, die häufig miteinander verwachsen sind, sodass sie eine sternförmige Röhre bilden; Frucht Beere oder Kapsel; enthalten Giftstoffe (Alkaloide)		
Blütenstand einfache oder zusammengesetzte Dolde		
Zwitterblüten mit sehr vielen Staubblättern und mehreren Fruchtblättern; stark variierende Blütenformen; Balgfrüchte oder Nüsschen, selten Kapseln oder Beeren		
Röhren- (meistens) und Zungenblütler; die Röhrenblüten des Blütenstandes sind häufig am Rand von Zungenblüten umgeben		
kreuzförmige Anordnung der Blütenteile; Früchte Schoten oder Schötchen		
dreizählige, häufig sehr schöne Blüten; Kelchblätter wandeln sich zu Blütenblättern um; Paralleladerung der Laubblätter		
Blütenkrone besteht aus drei äußeren und drei inneren Blütenblättern; Blüte besitzt nur zwei spiegelbildliche Hälften		
Blüte ist häufig zu einer Röhre mit einer Ober- und Unterlippe geformt		

Name:	Klasse:	Datum:

96–110

16 Unterscheiden Sie ein- und zweikeimblättrige Pflanzen.

Einkeimblättrige Pflanzen			Zweikeimblättrige Pflanzen
Keimling:	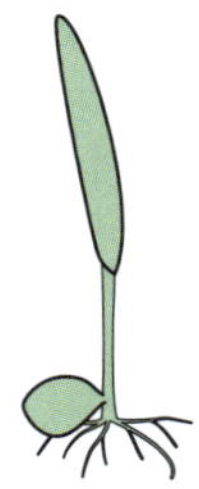	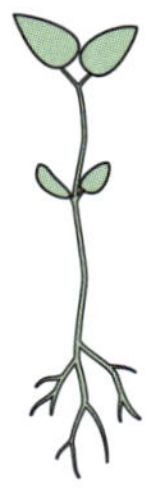	**Keimling:**
Laubblätter:	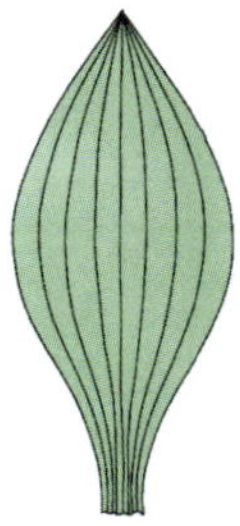		**Laubblätter:**
Wurzel:	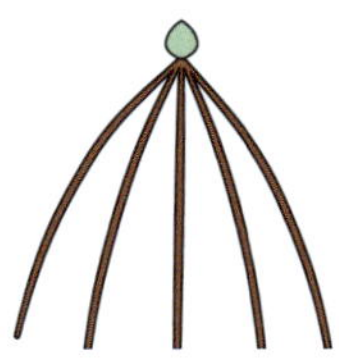		**Wurzel:**
Leitbündel, Kambium:		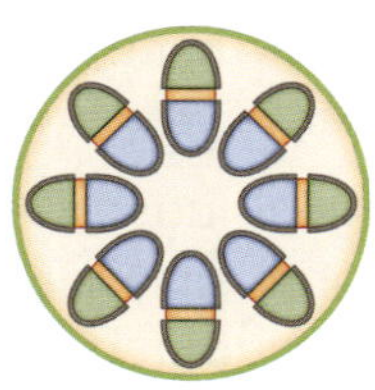	**Leitbündel, Kambium:**
Blüte:	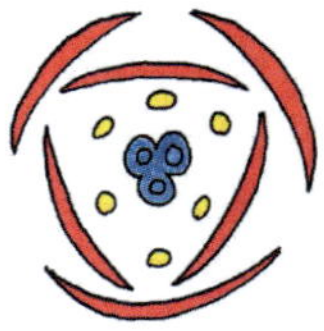	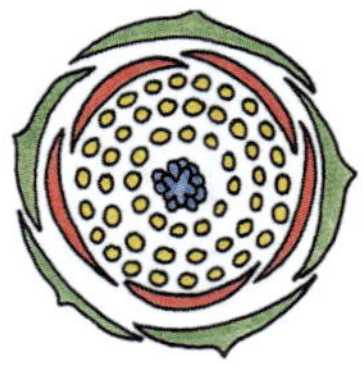	**Blüte:**

Name:	Klasse:	Datum:

Ökologie

1 Womit beschäftigt sich die Ökologie?

______

______

______

2 Erklären Sie anhand der folgenden Abbildung die Begriffe Biotop, Biozönose und Ökosystem.

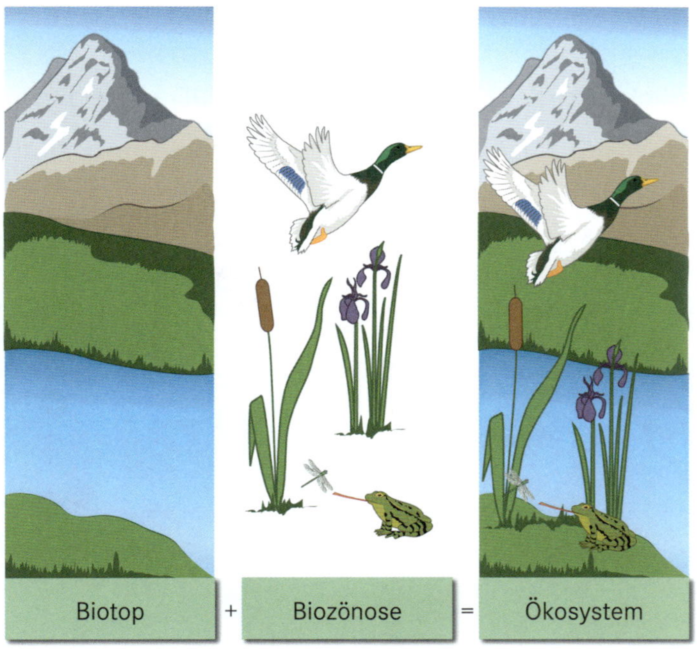

Biotop:

______

Biozönose:

______

______

Ökosystem:

______

______

______

______

Name:	Klasse:	Datum:

3 **Was versteht man unter dem ökologischen Gleichgewicht?**

4 **Ein intaktes Ökosystem reguliert sein ökologisches Gleichgewicht selbst. Erklären Sie dies an folgendem Beispiel.**

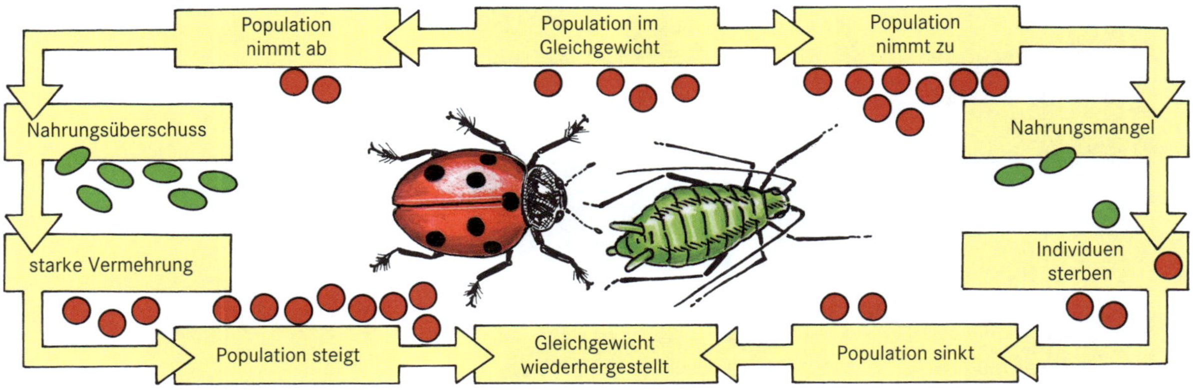

Name:	Klasse:	Datum:

5 Ökosystem Wald

a) Stellen Sie mithilfe von Pfeilen die Nahrungsbeziehungen her.

b) Beschreiben Sie anhand des Ökosystems Wald Eingriffe, durch die der Mensch Ökosysteme in ihrer Existenz und schließlich sich selbst gefährdet.

Name:	Klasse:	Datum:

6 Schadstoffverbreitung und -anreicherung über Nahrungsketten

a) Ordnen Sie die folgenden Begriffe in das Schaubild ein:

Algen – Boden – Emission – Emittent – größere Fische – Immission – kleinere Fische – Kleinkrebse – Luft – Raubfische – Wasser

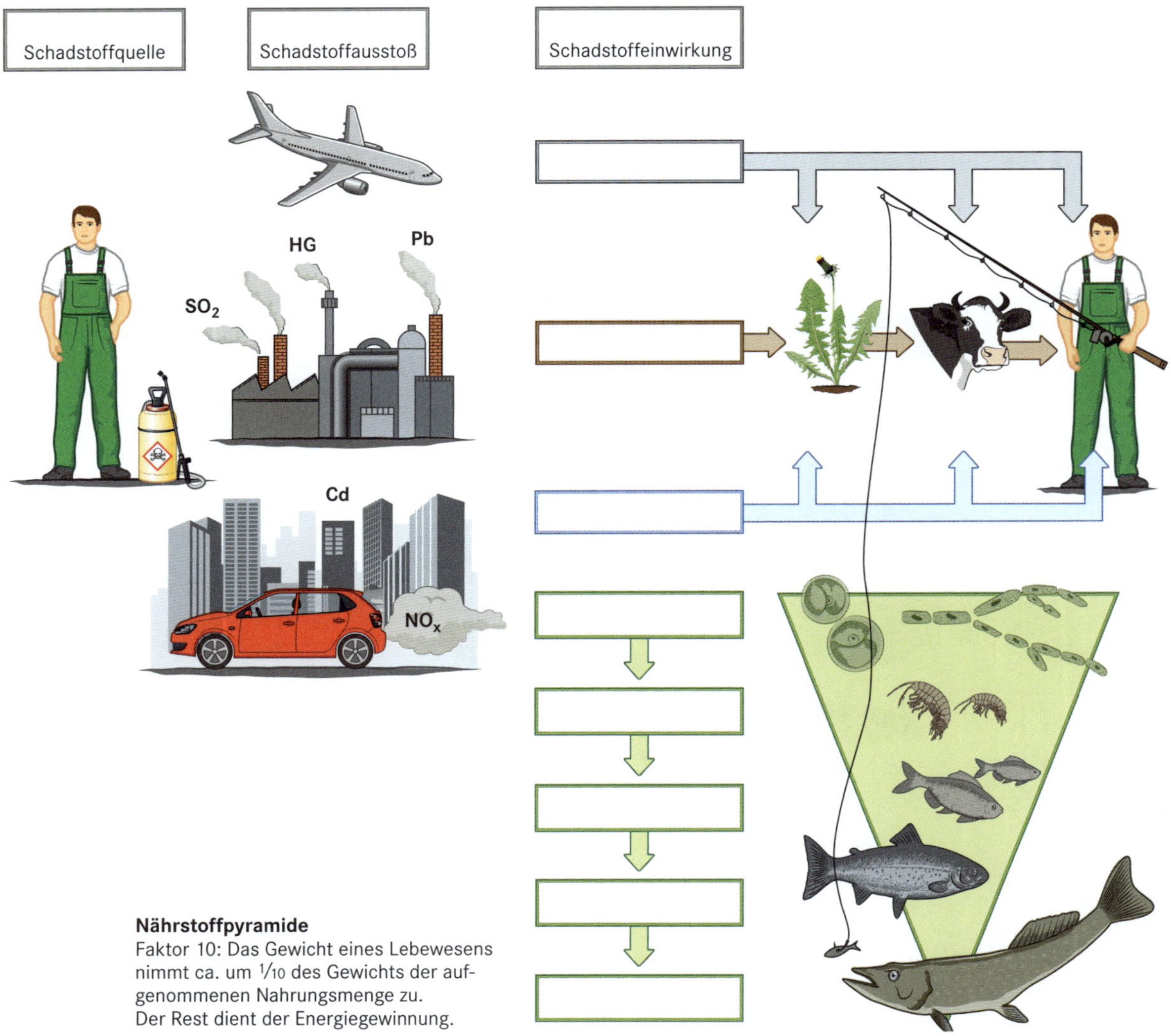

Nährstoffpyramide
Faktor 10: Das Gewicht eines Lebewesens nimmt ca. um 1/10 des Gewichts der aufgenommenen Nahrungsmenge zu.
Der Rest dient der Energiegewinnung.

b) Inwiefern kann der Mensch durch Nahrungsketten gefährdet werden?

c) Warum könnten durch Verkürzung von Nahrungsketten mehr Menschen ernährt werden?

Name:	Klasse:	Datum:

Vorlage Blütendiagramm zu Seite 45, Aufgabe 5

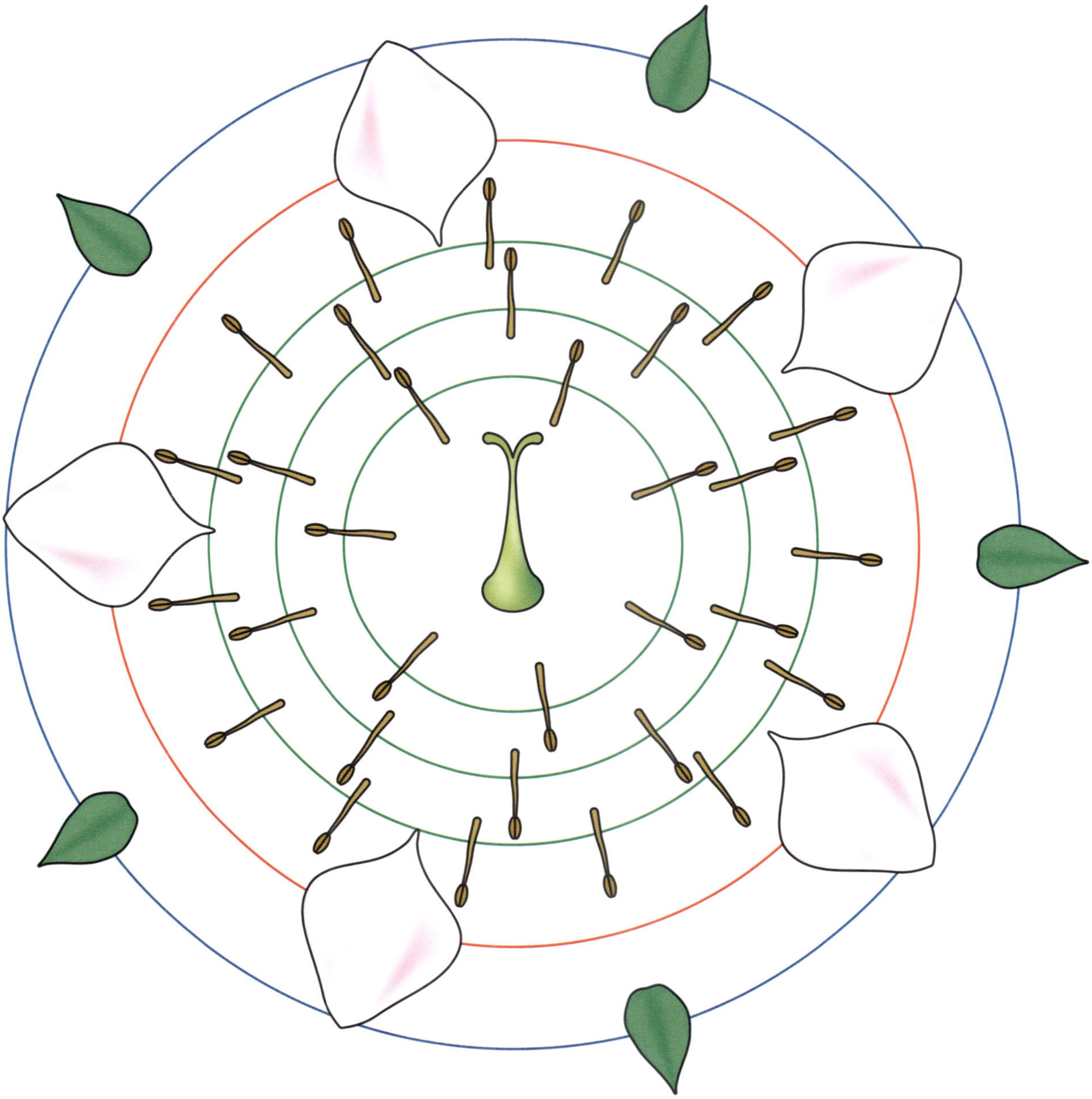

Name:	Klasse:	Datum:

Vorlage Blütendiagramm zu Seite 45, Aufgabe 5

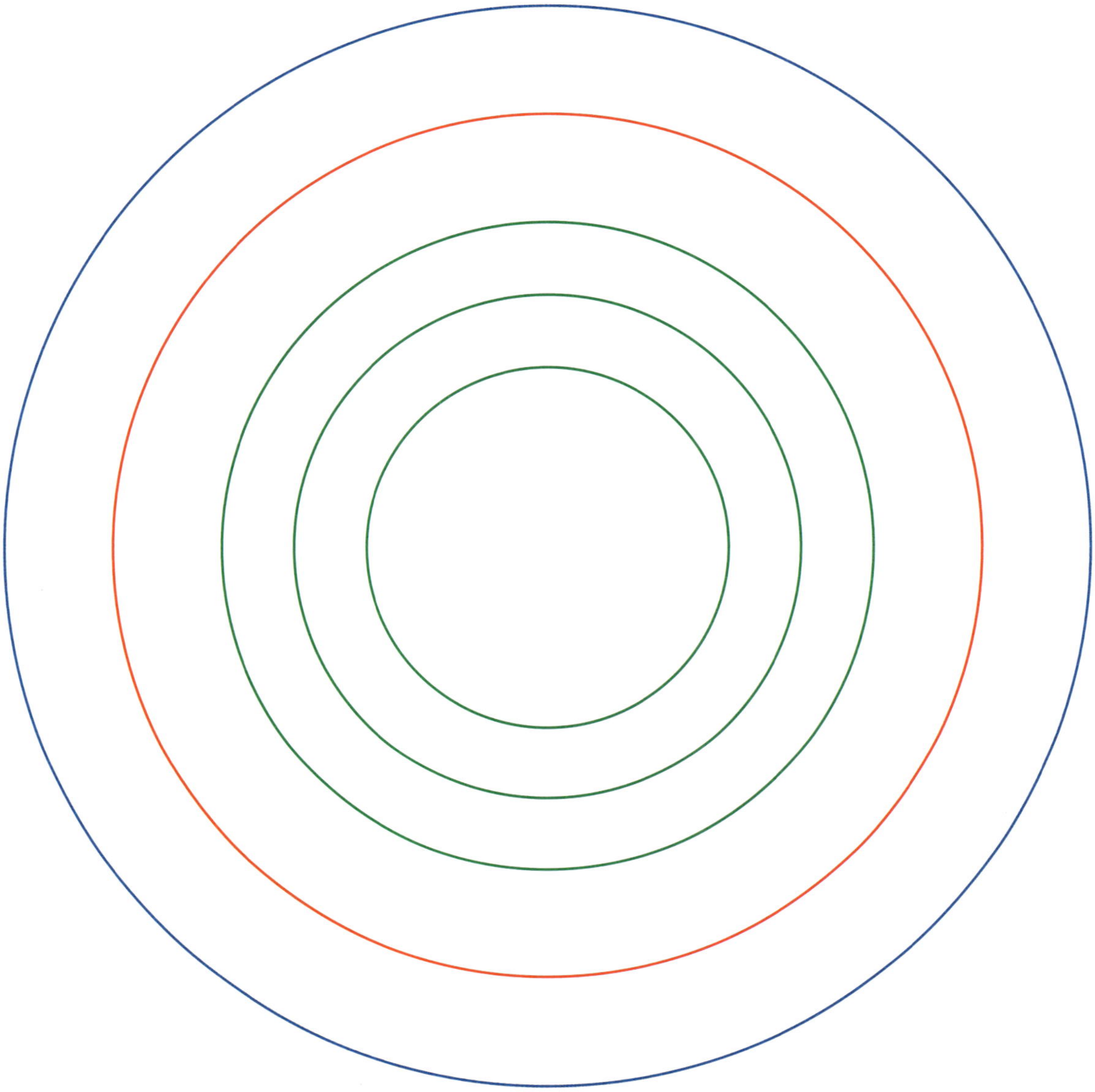

Name:	Klasse:	Datum: